21世纪经济管理专业应用型精品教材

计算机应用基础

袁蒲佳　主　编

胡成松　王慧娟　李　庆　副主编

上海财经大学出版社

图书在版编目(CIP)数据

计算机应用基础/袁蒲佳主编;胡成松,王慧娟,李庆副主编. —上海:上海财经大学出版社,2006.10
21世纪经济管理专业应用型精品教材
ISBN 7-81098-730-5/TP·004

Ⅰ.计… Ⅱ.①袁… ②胡… ③王… ④李… Ⅲ.电子计算机-高等学校-教材 Ⅳ.0172

中国版本图书馆 CIP 数据核字(2006)第 116274 号

□ 责任编辑　徐　超
□ 封面设计　周卫民

JISUANJI YINGYONG JICHU
计算机应用基础

袁蒲佳　主　编
胡成松　王慧娟　李　庆　副主编

上海财经大学出版社出版发行
(上海市武东路 321 号乙　邮编 200434)
网　　址:http://www.sufep.com
电子邮箱:webmaster @ sufep.com
全国新华书店经销
上海第二教育学院印刷厂印刷
宝山萃村书刊装订厂装订
2006 年 10 月第 1 版　2006 年 10 月第 1 次印刷

787mm×960mm　1/16　16.5 印张　323 千字
印数:0 001—8 000　定价:23.00 元

21世纪经济管理专业应用型精品教材

编审委员会

在当前信息化飞速发展的今天,每个大学生义不容辞必须学会计算机,要学会计算机首当其冲是学会 Windows XP 及 Office 2003,它们都是 Microsoft 公司推出的产品。Windows XP 是基于 Window NT 技术基础发展出来的一个网络型操作系统,而 Office 2003 是实现办公自动化所必需的软件,包括 Word,Excel,Power Point 和 Access。

本书是作者在独立学院经过多年教学实践的基础上编写而成。作为 21 世纪经济管理专业应用型精品教材之一,在内容的选取、概念的引入、文字的叙述以及例题和习题的选择等方面,都力求遵循面向应用、重视实践、便于自学的原则。全书共分五章。第一章 Windows XP 详细讲解了 Windows 的基本操作及系统设置。第二章中文 Word 2003 介绍了格式化编辑技术,包括文档的基本编辑、基本排版以及高级排版技术,表格与图片的创建和编辑。第三章中文 Excel 2003 讲述创建和维护电子报表,如数据的录入与存放,数据的管理与图表的建立等。第四章 Power Point 2003 用于制作演示文稿,不仅可以制作出图文并茂的幻灯片,还可以制作简单的动画效果,加入声音、视频等有声有色的演示文稿。第五章中文 Access 2003 讲述数据库、数据表、查询、报表的创建方法。书末附有上机实验。

本书由袁蒲佳教授主编。在本书的编写过程中,中南民族大学工商学院领导给予了大力支持,在此表示衷心感谢。

由于编者水平有限,书中如有不妥或疏漏之处在所难免,殷切希望广大读者批语指正。

编者

2006 年 5 月于武汉

目 录

第 4 章　PowerPoint 2003

第 5 章　中文 Access 2003

第1章

Windows XP 操作系统

【本章要点提示】
- 了解 Windows 的桌面；
- 掌握 Windows 的一些基本操作；
- 掌握文件及文件夹的操作；
- 至少掌握一种汉字输入方法；
- 能够利用控制面板设置系统环境。

【本章内容引言】

Windows XP 是微软推出的一款最新的操作系统，是集 Windows 早前的几个版本的所有优秀性能于一体的操作系统。"XP"是"experience"（体验）的缩写。Windows XP 是目前最常用的操作系统之一，本章详细讲解了 Windows 的基本操作、文件管理、输入法使用、软件安装及系统设置等操作，让读者对 Windows XP 有一个全面的认识并熟练掌握各种操作方法。

1.1　Windows XP 的基本操作

1.1.1　Windows XP 的启动与退出

1　Windows XP 的启动

对于安装了 Windows XP 操作系统的计算机，打开电源开关即可启动 Windows XP。

2 Windows XP 的退出

正常状态下关闭计算机不能直接按电源开关，应采取软件关机，方法为：点击"开始"菜单，选择"关闭计算机"，在弹出的窗口中选择"关闭"，即可正确地关闭计算机。

 1.1.2 鼠标的基本操作与设置

Windows 的操作基本离不开鼠标，所以在学习 Windows XP 系统的操作前首先要熟悉鼠标的操作。鼠标的常用操作有：

（1）单击：在对象上按下并释放鼠标左键，作用是用于选取或激活对象。

（2）右击：在对象上按下并释放鼠标右键，作用是打开所单击对象的快捷菜单。

（3）双击：在对象上快速按两下鼠标左键，作用是打开所选的文件或程序。

（4）指向：将鼠标移动到对象上停放并不按下鼠标，作用是查看对象说明信息。

（5）拖动：在对象上按下鼠标左键不放，同时移动鼠标，移动到目的位置后再释放，作用是用于移动某个对象。

1.2 Windows XP 的桌面

进入 Windows XP 首先看到的界面就是 Windows 的桌面，Windows XP 默认的桌面背景图案是蓝天白云草地。它就是用户在计算机上进行所有操作的工作平台。如图 1—1 所示。

1.2.1 图标的操作

图标是代表一个程序、文件或文件夹等对象的图形标记。一般由图形和说明文字组成。例如图 1—1 中的 QQ 图标。

将鼠标指向某个图标，将出现该图标的说明文字。双击某个图标可以打开对应的文件或程序。

1 图标的类型

● 系统图标：安装 Windows XP 系统后自动产生的图标。例如"我的电脑"、

图 1—1　Windows XP 的桌面

"我的文档"、"回收站"等。

　　● 快捷图标：从外观上看，是左下角带有一个旋转箭头标记的图标，它是指向原始文件的一个指针，当双击某个快捷图标时，系统会打开相应的程序。

　　● 另外还有文件图标和文件夹图标。

　　2　图标的基本操作

　　（1）新建图标：在桌面空白处右击，在弹出的快捷菜单中选中"新建"命令，选中要新建的图标类型，即可在桌面上出现要新建的图标。例如新建一个文本文件，如图 1—2 所示。

　　（2）修改和删除图标：如果对所建立的图标样式不满意，可通过图标的属性对图标的样式进行修改，方法如下：

　　①在要修改的图标上右击，在弹出的快捷菜单中选中"属性"打开该图标的属性对话框，如图 1—3 所示。

3

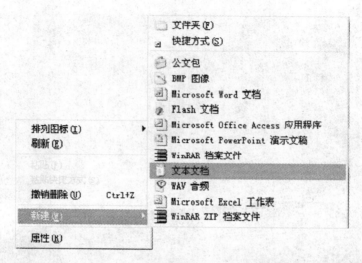

图 1—2　在桌面新建一个文本文档

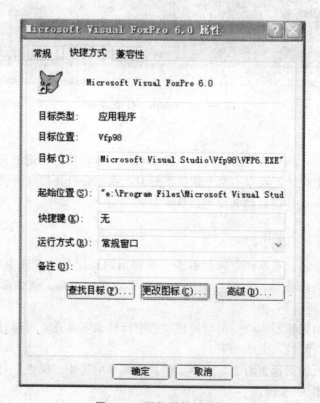

图 1—3　图标属性对话框

②在"快捷方式"标签中，单击"更改图标"选项，打开"更改图标"对话框，如图 1—4 所示。

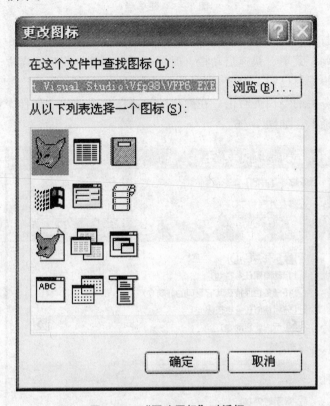

图 1—4　"更改图标"对话框

③在"更改图标"对话框中选择一个图标样式，或是按"浏览"按钮在计算机磁盘上选择一个图标样式，按"确定"按钮即可完成图标的更改。

如果要删除图标，可以在选中要删除的图标后按 Delete 键，也可以在该图标上右击，在弹出的快捷菜单中选中"删除"。

提示：桌面上的"我的电脑"、"网上邻居"等系统图标不可按此方法修改。

1.2.2　设置任务栏

任务栏通常位于桌面的最下方，如 1—5 图所示，可对照图 1—1 中含有"开始"菜单的这一行，就是任务栏。

图1—5　任务栏

在系统中打开的所有应用软件都会以按钮的形式显示在任务栏中。在默认情况下，显示"开始"菜单、快速启动栏、时钟、语言栏等，而且始终位于最前端。

用户可以根据自己需要设置任务栏：

（1）在任务栏的空白处右击，在弹出的快捷菜单中选中"属性"命令，打开任务栏的属性对话框，如图1—6。

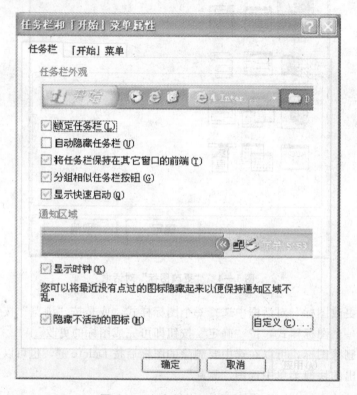

图1—6　任务栏的属性对话框

（2）在"任务栏外观"选区中有五个复选框：

● 锁定任务栏：选中该选项任务栏即被锁定，任务栏锁定后不能改变方向和高度。如果要把任务栏的方向由桌面下方调到桌面左方，必须取消"锁定任务栏"选项才能调整。

● 自动隐藏任务栏：任务栏在默认情况下，不管打开什么程序窗口，始终位于最前端，用户可根据实际需要将任务栏隐藏，将"自动隐藏任务栏"选项选中后，鼠标如果不停留在任务栏区域上，任务栏将自动隐藏。

● 将任务栏保持在其它窗口的前端：如果取消此选项，当把某个程序打开成最大化窗口时任务栏将不可见。

● 分组相似任务栏按钮：在打开的应用程序中，相似的程序窗口以分组的形式在任务栏上整体显示。

● 显示快速启动：任务栏上紧接着"开始"菜单右边的区域，单击此区域中的任何一个图标即可快速启动所对应的程序。

（3）在"通知区域"有两个复选项：

● 显示时钟：在任务栏上显示或隐藏时钟。

● 隐藏不活动的图标：可以将最近没有点击过的图标隐藏起来。

1.2.3　"开始"菜单

"开始"菜单位于任务栏的最左边，Windows XP 的"开始"菜单分左右两栏，如图 1—7 所示。

图 1—7　Windows XP 的"开始"菜单

左栏包括电子邮件、IE浏览器、常用的六个应用程序和"所有程序",其中几乎包含了所有安装过的应用程序和系统自带的工具。右栏是一些常用到的文件操作与系统设置,如图1—7中的"我的文档"、"我的电脑"、"打印机和传真"和"运行"等。此外还包括"注销"和"关闭计算机"。

1 自定义"开始"菜单

对于用惯了 Windows 2000 版本的用户,也可根据自己的习惯将"开始"菜单切换成以前版本的样式,步骤如下:

（1）在任务栏的空白处右击,在弹出的快捷菜单中选中"属性"命令。

（2）在"任务栏和'开始'菜单"对话框中,选择"'开始'菜单"标签,如图1—8。

图1—8 "'开始'菜单"标签

（3）选中"经典'开始'菜单"选项，即可将"开始"菜单切换成以前 Windows 版本的样式。

2 "开始"菜单中几个常用子菜单的功能

（1）"文档"子菜单

Windows XP 系统会把用户最近打开过的文档放在该菜单中，这样当用户再次使用该文档时，可直接在"文档"子菜单中找到点击快速将其打开。

（2）"搜索"子菜单

使用"搜索"功能可以在计算机存储的数以万计的文件中快速查找符合条件的文件或文件夹。例如，查找一个名为"123"的文件，方法如下：

①单击"开始"菜单，在弹出的"开始"菜单中选中"搜索"子菜单，打开搜索对话框，如图 1—9。

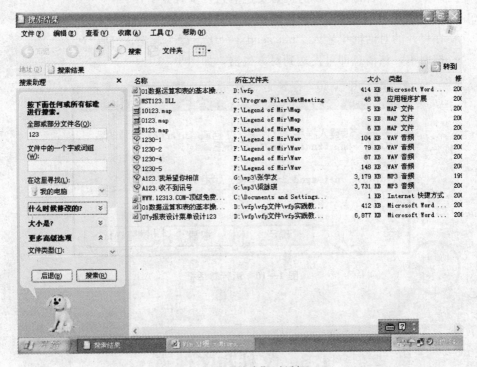

图 1—9　"搜索"对话框

②在"全部或部分文件名"栏中输入文件名 123。

③点击"搜索"即开始查找，如查找到相符条件的文件将在右边的"搜索结果"窗口中显示。

提示：如果记不清要查找的文件名，或要按一定条件查找，可打开"搜索选项"区域，其中包括：

- "什么时间修改"：查找在指定日期范围内创建、修改或访问的文件。
- "大小是?"：查找指定大小的文件。
- "更多高级选项""日期"：查找在指定日期范围内创建或修改的文件。
- "类型"：查找指定类型的文件。
- "大小"：查找指定大小的文件。
- "高级选项"：进一步指定条件进行搜索。

（3）"运行"选项

可运行 Windows XP 中的各种程序，也可在局域网中发送消息。命令格式为："net send 接收方的机器名 消息内容"。

例如，给一个名为 3—01 的机器发送消息，步骤如下：

- 单击"开始"菜单，在弹出的菜单中打开"运行"对话框。
- 在打开的对话框里输入"net send 3—01 下课一起走，好吗？"。
- 按回车，该消息即可发送到对方机器，如图 1—10。

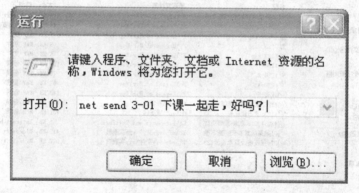

图 1—10 运行对话框

1.3 文件和文件夹

在计算机系统中，文件是最小的数据组织单位，音乐、图像、文章等信息都是以文件的形式存放在计算机中。在计算机系统中各种类型的文件成千上万，必须将这些文件进行分类汇总，所以引入了文件夹这个概念来对文件进行有效的管理。

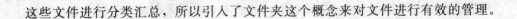
1.3.1　文件的命名

文件名由主文件名和扩展名组成，中间用"."来分隔。主文件名可以由用户拟定，扩展名一般由系统自动生成，用来标识文件的类型。例如，一首歌的文件名：江南.mp3，其中，"江南"是主文件名由用户拟定，".mp3"是系统指定的扩展名，说明该文件的格式是 mp3 音乐格式。

提示： 不同类型的文件，扩展名不同，常见的类型有以下几种：

（1）可执行性文件：可直接运行的文件，扩展名为".exe"。
（2）系统文件：系统配置文件，扩展名为".sys"。
（3）多媒体文件：视频和音频文件，扩展名为".wav"、".mid"、".swf"等。
（4）图像文件：扩展名有："bmp"、".jpg"、".gif"等。

在 Windows 系统中文件名最长可达 255 个字符。对文件的命名有以下几条规则：

（1）文件命名不区分字母大小写。
（2）文件名可以使用汉字，一个汉字算两个字符。
（3）文件名可以使用空格，但不能有"?"、"*"、"/"、"|"、"<"、">"和":"等特殊字符。
（4）同文件夹中的文件不能同名。

在进行文件查找时，常在文件名中用到通配符"*"和"?"。

- "*"代表它所在位置的一个或多个符合条件的任意字符。
- "?"代表它所在地方的任意一个字符。

例如，"*.j??"表示：扩展名是由三个字符组成，并且第一个字符是 j 的所有文件。

1.3.2　文件的基本操作

1　文件和文件夹的重命名

右击要重命名的文件或文件夹图标，在弹出的快捷菜单中选中"重命名"命令，此时原文件或文件夹的名字变为高亮度显示的编辑状态，输入新名字即可。

提示： 给文件或文件夹重命名，可选中要重命名的文件或文件夹后按 F2 键，即可使该文件或文件夹的名字处于编辑状态进行重命名。

注意：在给文件重命名时，不要把文件的扩展名删掉或改动，否则系统将无法正确识别该文件的类型。

2 文件的选取

- 单击某个文档，即可将该文档选中。
- 如果要选择的文件或文件夹是多个连续的，可单击第 1 个文件或文件夹，再按住 Shift 键的同时单击最后一个文件或文件夹，即可选中这一组多个连续的文件或文件夹。
- 如果要选择的文件或文件夹是多个不连续的，则可以按住 Ctrl 键的同时单击要选定的对象，即可选中多个不连续的文件或文件夹。
- 如果按住 Ctrl＋A 组合键则可把对象全部选中。在桌面空白处单击即可取消选择。

3 文件和文件夹的移动和复制

文件和文件夹的移动和复制的方法有很多，最常用的有：

（1）在要移动或复制的文件或文件夹上右击，在弹出的快捷菜单中选中"剪切"或"复制"命令，到目标地方右击选择"粘贴"命令，完成文件或文件夹的移动或复制操作。

（2）直接用鼠标拖动或按下 Ctrl 键的同时用鼠标拖动来实现文件或文件夹的移动或复制。

提示：Ctrl＋X：剪切命令，Ctrl＋C：复制命令，Ctrl＋V：粘贴命令。按下 Ctrl 键拖动进行的是复制操作。

4 文件和文件夹的删除与恢复

对于不需要的文件，用户可以将其删除。选中要删除的文件，单击右键，在弹出的快捷菜单中选中"删除"，会弹出一个删除确认框，点击"是"，文件即被删掉。也可以直接把文件拖动到"回收站"来删除文件。这样删除的文件，并没有真正地从计算机里删掉，只是将文件移入"回收站"里，在需要的时候可以从"回收站"里还原。恢复文件的方法很简单，打开"回收站"找到要还原的文件，单击右键，在弹出的菜单中选择"还原"，文件将被恢复到原来的位置。但在"回收站"里再次将文件删除，此时就将文件永久性删掉，不可再恢复。文件夹和文件的删除方法相同，要注意的是，在删除文件夹时，该文件夹里面的文件会连同一起被删除，所以在删除文件夹时应先确定，文件夹里的文件是否有用。

提示： 选中文件后按 Delete 键，可将要删除的文件移入回收站里，若按 Shift＋Delete 组合键，则是将文件不经过回收站永久性删掉。

1.3.3　文件和文件夹的属性设置

每个文件和文件夹都有自身特有的一些信息，我们可以通过文件和文件夹的属性来查看这些信息。

1　文件的属性

在要查看的文件上单击右键，在弹出的快捷菜单中选中"属性"命令，打开该文件的属性面板，如图 1—11 所示。

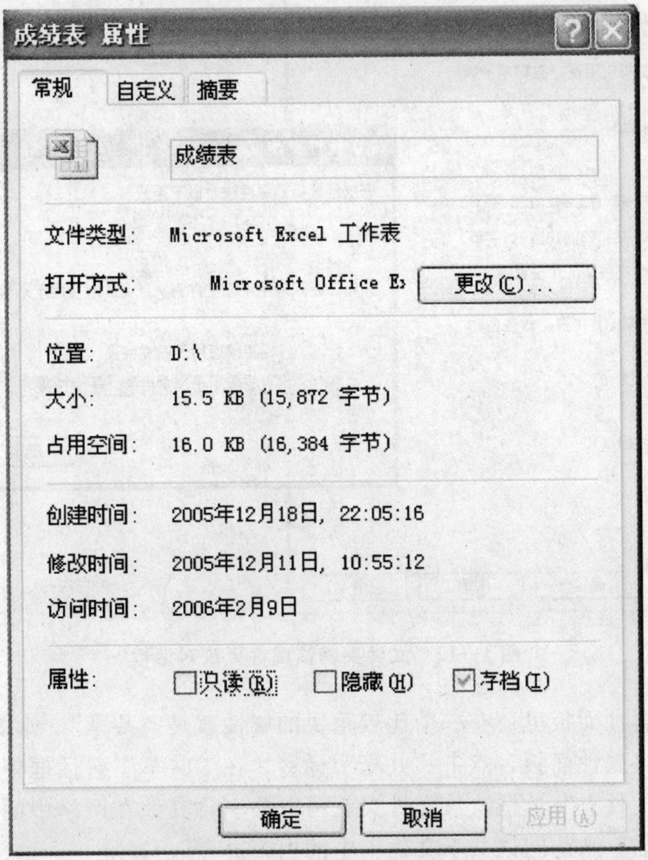

图 1—11　文件的属性面板

通过文件的属性面板，我们可以了解到文件的名称、类型、位置、大小、属性以及创建、修改时间等信息。也可以通过文件的属性面板对该文件的名称、图标样式和属性等进行修改。例如，将文件属性设为"只读"，则该文件只允许被读取，不允许修改；若设为"隐藏"，则文件在"不显示隐藏的文件和文件夹"的查看方式下，将看不到该文件。"存档"属性可用于控制文件能否备份。

2 文件夹属性

文件夹与文件的属性大致相同，只是在设置"只读"、"隐藏"、"存档"这三个属性时，会弹出如图1—12所示的对话框，要用户确认对于文件夹属性的更改是仅用于该文件夹还是将更改同时作用于该文件夹里的子文件夹和文件。

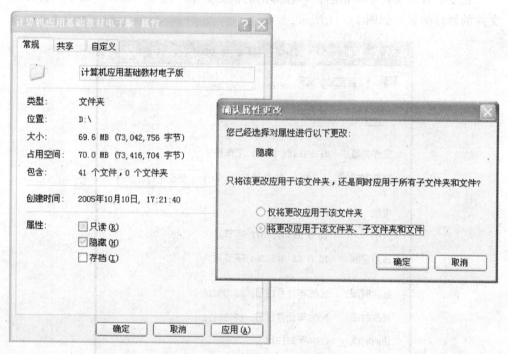

图1—12 文件夹确认属性更改对话框

在文件夹属性面板里还有一个比较重要的属性就是"共享"，如图1—13所示。

打开文件夹属性面板，点击"共享"标签，在"共享"对话框中，选中"在网络上共享这个文件夹"选框，该文件夹就可以共享，其他在网络中的计算机就可以通过"网上邻居"来访问该共享文件夹中的内容。

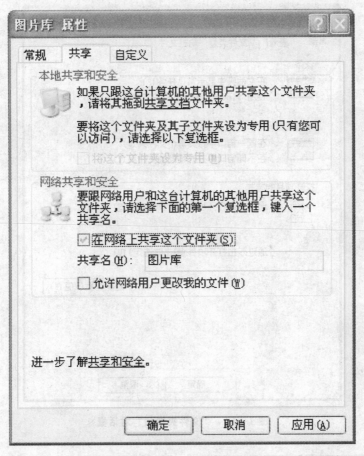

图 1—13　文件夹的共享对话框

３　文件夹选项

　　在桌面上双击打开"我的电脑"，在"我的电脑"的窗口中点击"工具"菜单下的"文件夹选项"命令，可打开如图 1—14 的"文件夹选项"对话框。"文件夹选项"对话框包括四个标签："常规"、"查看"、"文件类型"与"脱机文件"。

　　（1）"常规"标签

　　在"任务"选区中，选中"在文件夹中显示常见任务"选框时，在资源管理器中将显示任务栏，在显示每一个文件夹时都在任务栏中显示相应的任务操作。选中"使用 Windows 传统风格的文件夹"，管理器恢复到传统风格，不显示任务栏，可通过图 1—15 进行对比。

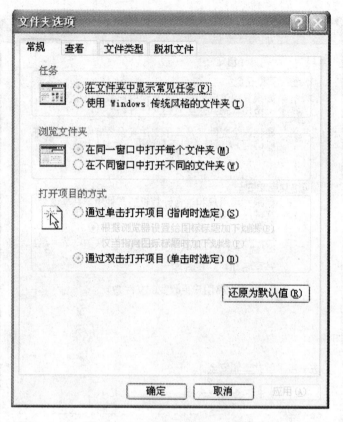

图 1—14 "文件夹选项"对话框

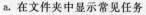

a. 在文件夹中显示常见任务

b. 使用 Windows 传统风格的文件夹

图 1—15 "我的电脑"两种不同的文件夹显示效果对比

　　在"浏览文件夹"选项区中，若选中"在不同窗口中打开不同的文件夹"选项时，每打开一个文件夹时，会在另一个窗口显示所打开的文件夹，打开的文件夹越多窗口就越多；若选中"在同一窗口中打开每个文件夹"选项时，例如在"我的电脑"中打开文件夹时只会出现一个窗口。

　　在"打开项目的方式"选区中，可以指定通过单击还是双击打开一个项目。

　　(2)"查看"标签

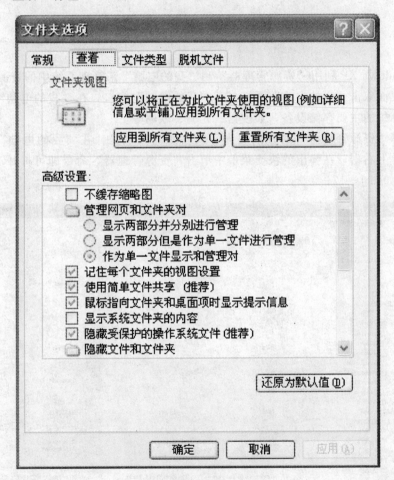

图 1—16　"查看"标签

　　在"文件夹视图"选区中，单击"应用到所有文件夹"按钮，可以使所有的文件夹的属性同当前打开的文件夹相同，若要恢复文件 默认属性，则单击"重置所有文件夹"按钮可以重新设置所有文件夹的属性。

计算机应用基础

前面我们学习到，可以将文件或文件夹的属性设为"隐藏"，此时文件以水印的形式显示，我们还要在"查看"标签的"高级设置"列表中选中"不显示隐藏的文件和文件夹"选项才能让隐藏的文件不可见。当下次要用这些隐藏的文件时，选中"显示所有文件和文件夹"选项即可让隐藏的文件以水印的形式显示出来。

1.4 资源管理器

Windows XP 利用"资源管理器"和"我的电脑"来管理系统中的资源。

在桌面双击"我的电脑"图标打开"我的电脑"窗口，在"我的电脑"窗口列出了计算机的主要存储设备，如硬盘、光驱、软驱等。

打开"资源管理器"的方法很多，最快捷的方法是：在"我的电脑"或"开始"菜单上右击，在弹出的快捷菜单中单击"资源管理器"命令即可打开"资源管理器"，如图1—17。

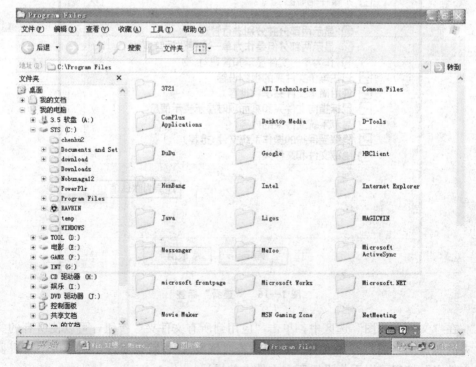

图1—17 "资源管理器"窗口

　　"资源管理器"与"我的电脑"从窗口来看主要的区别是，"资源管理器"的窗口左侧显示了文件夹树。文件夹树形象地描述了计算机磁盘中层次分明的组织结构。在文件夹树中，点击文件夹前的"＋"可打开这个文件夹的下级目录，点击文件夹前的"－"可折叠该文件夹下的分支。用户在左侧的文件夹树中单击选中某个文件夹时，此文件夹图标呈高亮度显示，并且右侧的窗口显示当前文件夹中的内容。

　　因此在"资源管理器"中用户对文件的删除、修改、移动等操作将更加方便。

1.5　汉字输入方法及应用

　　Windows XP 中自带了多种中文输入法，如"微软拼音输入法 3.0 版"、"全拼输入法"、"郑码输入法"和"智能 ABC 输入法 5.0 版"等。用户可以根据自己的需要来添加或删除输入法。输入法之间可以相互转换，按 Shift＋Ctrl 可在各输入法中逐个转换，Ctrl＋空格可直接在中、英文输入法间转换。

1.5.1　输入法的删除

　　根据个人习惯在 Windows XP 提供的众多输入法中，用得到的输入法可能只有一两种，如果输入法很多在转换中会比较麻烦，我们可以将多余的输入法暂时删掉。

　　以删除"郑码输入法"为例，方法如下：

　　（1）找到任务栏上的语言栏按钮，单击右键，在弹出的菜单中选择"设置"命令，打开如图 1—18 所示的"文字服务和输入语言"对话框。

　　（2）在输入法列表中选中"中文（简体）－郑码"，单击"删除"按钮。

　　（3）单击"确定"或"应用"按钮即可将"郑码"输入法从语言栏中删除。

1.5.2　中文输入法的添加

　　如果用户要使用如"陈桥五笔"、"最强五笔"、"狂拼输入法"、"紫光输入法"等输入法，则需要先将该输入法安装到系统中才可使用，安装方法与安装应用软件的方法一样。

　　对于已经安装的输入法，但在语言栏中不存在，或是已经从语言栏中删除的输

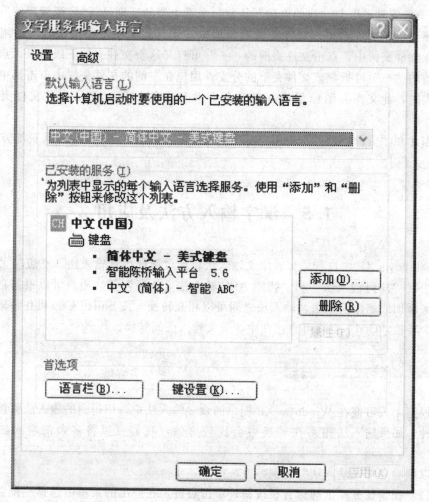

图1—18 "文字服务和输入语言"对话框

入法，就需要添加到语言栏中，我们上一节将"郑码"输入法从语言栏中删除，现在我们将它恢复到语言栏中，具体步骤如下：

（1）打开"文字服务和输入语言"对话框。

（2）点击"添加"按钮，弹出"添加输入语言"对话框，如图1—19。

（3）单击"键盘布局/输入法"的下拉按钮，在列表中找到"中文（简体）－郑码"输入法。单击"确定"按钮。

（4）"郑码"输入法就添加到语言栏中，再单击"确定"或"应用"按钮，完成添加"郑码"输入法的操作。

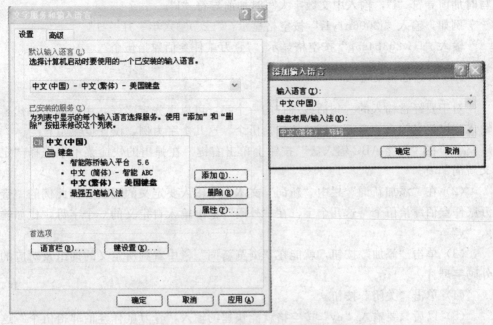

图 1—19　添加输入语言对话框

1.5.3 "智能 ABC 输入法"的使用技巧

"智能 ABC 输入法"是一种拼音输入方法，输入规则简单灵活，可以采用全拼、简拼、混拼、音形和双打等多种输入方式录入文字。用户可以根据习惯选择一种适合的录入方式，以"拼音"一词为例，其录入方式有：pinyin、py、piny、pyin 等。

"智能 ABC 输入法"在录入文字时有如下几个技巧：

1 中英文无转换输入

在输入中文的过程中有时会需要输入英文字符，一般情况下我们可以按 Ctrl＋空格将输入法从中文切换到英文状态，如果是用"智能 ABC 输入法"则可以先输入字母"v"，再输入相应的英文。例如输入"vapple"，按空格后，输入的是"apple"而不是汉字。

2 中文量词简化输入

用"智能 ABC 输入法"可以快速地输入一些常用的量词。在输入中文数字小写时加前导符"i",输入中文数字大写时加前导符"I"。

例如,输入"i2006n1y1r"按空格显示:"二〇〇六年一月一日"。

输入"I1w2q3b4s5g"按空格显示:"壹万贰仟叁佰肆拾伍个"。

3 可记忆词条输入

对于要经常输入的一句话或难打的一个字,可以事先定义好,用别的字母代替输入。以记忆输入"壹万贰仟叁佰肆拾伍个"这几个字为例,设置步骤如下:

(1) 在"智能 ABC 输入法"按钮上单击右键,在弹出的快捷菜单中选择"定义新词"项。

(2) 在"添加新词"栏中"新词"文本框中输入要定义的词或字如此例的"壹万贰仟叁佰肆拾伍个"这几个字,在"外码"框中输入自定义的一个字母,比如输入"y"

(3) 单击"添加"按钮,就能在"浏览新词"栏中看到所定义的词组及对应的外码字母。

(4) 单击"关闭"按钮。

(5) 以后只要输入"uy"按空格就能快速的输入"壹万贰仟叁佰肆拾伍个"这几个字。

1.5.4 五笔字型输入法

1 字根表及汉字字型认识

五笔字型汉字编码是把汉字分解成构字的基本单位:字根。字根组字又按一定的规律构成,这种组字规律就称为汉字的字型。

(1) 字根表

汉字由字根组成,字根由笔画构成,笔画、字根、整字是汉字结构的三个层次。五笔字型的基本字根有 130 种,加上一些基本字根的变型,共有 200 个左右。按照每个字根的起笔代号,分为五个"区"。它们是 1 区——横区,2 区——竖区,3 区——撇区,4 区——捺区,5 区——折区。每个区又分为五个"位",区和位对应的编号就称为"区位号"。这样,就把 200 个基本字根按规律地放在 25 个区位号上,这些区位号用代码 11、12、13、14、15、21、22……51、52、53、54、55 来表示,分布在计算机键盘的 25 个英文字母键上,如图 1—20。

一区(横区):

G (11)　F (12)　D (13)　S (14)　A (15)

11　王旁青头戋(兼)五一,

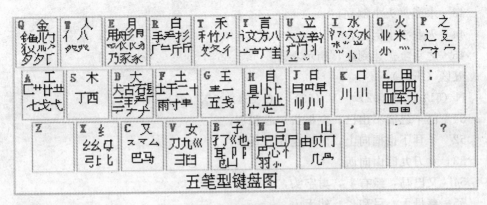

图 1—20　五笔字型键盘分布图

12　土士二干十寸雨，一二还有革字底，

13　大犬三羊石古厂，羊有直斜套去大，

14　木丁西，

15　工戈草头石框七。

二区（竖区）：

H（21）　J（22）　　K（23）　　L（24）　　M（25）

21　目具上止卜虎皮，

22　日早两竖与虫依，

23　口与川，字根稀，

24　田甲方框四车力，

25　山上贝，下框几。

三区（撇区）：

T（31）　　R（32）　　E（33）　　W（34）　　Q（35）

31　禾竹一撇双人立，反文条头共三一，

32　白手看头三二斤，

33　月（衫）乃用家衣底，爱头豹头和豹脚，舟下象身三三里，

34　人八登祭取字头，

35　金勺缺点无尾鱼，犬旁留叉 多点少点三个夕，氏无七（妻）。

四区（捺区）：

Y（41）　　U（42）　　I（43）　　O（44）　　P（45）

41　言文方广在四一，高头一捺谁人去，

42　立辛两点六门病，

43　水旁兴头小倒立，

44　火业头小倒立，

45　之字宝盖建到底，摘示衣。

五区（折区）：

N（51）　　B（52）　　V（53）　　C（54）　　X（55）

51　已半巳满不出己，左框折尸心和羽，

52　子耳了也框向上，两折也在五耳里，

53　女刀九臼山向西，

54　又巴马，经有上，勇字头，丢矢矣，

55　慈母无心弓和匕，幼无力。

（2）汉字字型

汉字可以分为三种字型：左右型、上下型、杂合型，这些字型的代号分别为1、2、3。见表1—1。

表1—1　　　　　　　　　　　　汉字字型表

区号	左右型（1）	上下型（2）	杂合型（3）
横（1）	G（11）	F（12）	D（13）
竖（2）	H（21）	J（22）	K（23）
撇（3）	T（31）	R（32）	E（33）
捺（4）	Y（41）	U（42）	I（43）
折（5）	N（51）	B（52）	V（53）

①左右型汉字

如果一个汉字能分成有一定距离的左右两部分或左中右三部分，则称这汉字为左右型汉字。有的左右型汉字的一边由一部分构成，另一边由两部分或三部分构成。

如："汪 哈 旧 棵 地 倍"等字是左右型汉字。

②上下型汉字

如果一个汉字能分成有一定距离的上下两部分或上中下三部分，则这个汉字称为上下型汉字。也有一些上下型汉字的上面由一部分构成，下面由两部分构成。或者上面由两部分构成，下面由一部分构成。

如："字 靠 盖 复 花"等字是上下型汉字。

③杂合型汉字

如果组成一个汉字的各部分之间没有简单明确的左右或上下型关系，则这个汉字称为杂合型汉字，即内外型汉字或单体型汉字。

如："团 用 才 乘 未"等。

2　五笔输入方法

(1) 笔画的输入

五种单笔画的输入方法为：

五种笔画分别是横、竖、撇、捺、折，它们的编码有特殊规定，将单笔画所在键击两次后，再击两个 L 健。这是因为单笔画并不是常用的汉字，加了两个"后缀" L 键，用于区别常用汉字的简化输入。

一：GGLL，丨：HHLL，丿：TTLL，＼：YYLL，乙：NNLL

(2) 成字字根的输入

成字字根指除汉字以外本身又是字根的汉字，其输入方法为：敲字根所在键一下，再敲该字根的第一、二、末笔单笔划。即：键名（报户口）＋首笔代码＋次笔代码＋末笔代码。

例如，"雨"字，先按键名：F，再按首笔代码：G，次笔代码：H，最后按末笔代码：Y。

如果成字字根只有两个笔画，即三个编码，则第四码以空格键结束。例如，耳：BGH；厂：DGT。

注意：按键名后面的首、次、末笔是指单笔画，而不是字根。

(3) 键名字的输入

键名汉字是组字频度较高、各个区位上最常用的字根，除"纟"外，其他 24 个字根本身就是一个汉字。如图 1—20 中，G 键对应的键名字是"王"，R 键对应的键名字是"白"。键名汉字有 25 个，键名汉字的输入方法是把键名所在的键连击四下。例如，大：DDDD；金：QQQQ；工：AAAA；口：KKKK。

(4) 单字的输入

● 4 个或 4 个以上编码的单字的输入方法：

依书写顺序，取第一、二、三、末四个字根编码。

例如，露：雨口止口 FKHK　　　缩：纟宀亻日 XPWJ

裂：一夕刂衣 GQJE　　　唐：广彐丨口 YVHK

● 不足 4 个编码单字的输入方法：

如果是二个字根或三个字根构成的汉字，信息量不足，就会造成许多重复。如"叭"与"只"都是由字根"口"和"八"组成，即编码皆为 KW。由于"叭"是左右型汉字，"只"是上下型汉字，为区分起见可加上字型代号。叭：K W 1；只：K W 2。这是对字根不足的一个补充。另外，对于"洒"、"沐"、"汀"三字，都是对应 IS 两字根组成的字,并且字型都相同,为左右型;如输入字根码和字型码,都为:43 14 1,也不能区别。但是这三字最后一笔是不同的。如果加上最后一个笔画代号,即,洒:IS 1;沐:IS 4;汀:IS 2。这样一来,三个字的编码就有明显的区别了,最后一个数字,叫末笔识别码。这也是对字根不足的另一个补充。

按五笔字型编码规则,不足 4 个码的合体字,应加上一个补充代码,这个补充代码就是"末笔字型交叉识别码"(可参考表 1—1)。例如,沐,末笔是捺代码为(4),字型是左右型代码为(1),所以"沐"的末笔字型交叉识别码为(41)对应的键为 Y。

不足 4 个字根编码的汉字输入方法为:第一、第二、第三个字根编码加上末笔字型交叉识别码。例如,备:TLF。

(5)词的输入

在五笔输入法中,可以也只用 4 个代码输入双字、三字以及四字词加快输入速度。

①双字词方法为:分别输入每个字的第一、第二个字根编码。例如,文字:YYPB。

②三字词的输入:输入每个字的第一个字根编码及最后一个字的第二个字根编码。例如,计算机:YTSM。

③四字词的输入:输入每个字的第一个字根编码。例如,兴高采烈:IYEG。

1.6　系统维护

随着使用时间的增加,计算机中过时的文件、磁盘碎片、被损坏的扇区等逐渐增多,定期维护计算机可以有效地使用和管理系统资源,以便发挥计算机的最佳性能。

1.6.1　磁盘清理

计算机使用一段时间后,磁盘上残留许多临时文件或已经没用的应用程序。磁盘清理可以帮助用户清除磁盘上不需要的文件,释放这些文件所占用的磁盘空间。

打开"我的电脑"窗口,在需要清理的磁盘图标上单击右键,打开该磁盘的属性对话框,如图 1—21,单击"磁盘清理"按钮打开"磁盘清理"对话框,如图 1—22。点击"确定"按钮即可清理这些不需要的内容,释放磁盘空间。

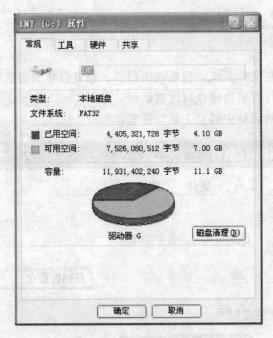

图 1—21　磁盘属性对话框

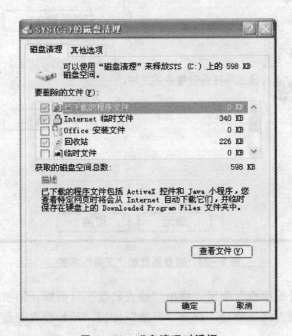

图 1—22　磁盘清理对话框

1.6.2 磁盘查错

用于扫描和修复文件系统，包括表面扫描、修复损坏的扇区等。方法如下：
(1) 打开要进行查错的磁盘属性对话框，见图1—21。
(2) 打开属性对话框中的"工具"标签，如图1—23。

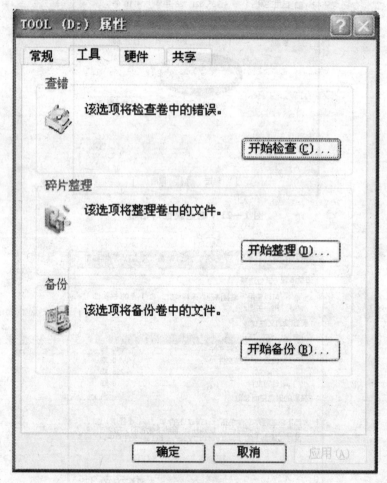

图1—23　磁盘属性的"工具"标签

(3) 单击"开始检查"按钮，弹出"检查磁盘"对话框，如图1—24。
(4) 选择要检查的选项后，点击"开始"按钮，开始检查磁盘。

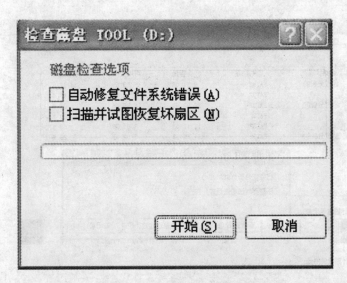

图 1—24　"检查磁盘"对话框

提示：在开始磁盘检查之前，必须关闭该磁盘上的所有打开的文件或程序，否则系统将弹出一个窗口提示用户无法对磁盘进行独占性访问，询问用户是否希望下次启动系统时再执行该项检查。

1.6.3　磁盘碎片整理

计算机里存储着大量的文件，经过一段时间的使用，这些文件并不总是保存在一个连续的磁盘空间上，而是被分散地存放在多个地方，因而形成了磁盘碎片。随着不断地安装和删除文件，磁盘碎片越来越多。我们需要对这些碎片进行整理，将碎片文件移动至一个连续的存储空间，从而提高系统对文件的访问速度。方法如下：

（1）右击要进行碎片整理的磁盘，打开该磁盘的属性对话框，打开"工具"标签。

（2）单击"开始整理"按钮，打开碎片整理对话框。

（3）在整理前可点击"分析"按钮，分析是否需要对该磁盘进行碎片整理（如果碎片没有超过 10% 系统会建议不需要进行碎片整理，如图 1－25）。如果需要进行碎片整理，点击"碎片整理"按钮，系统将开始整理该磁盘里的碎片。

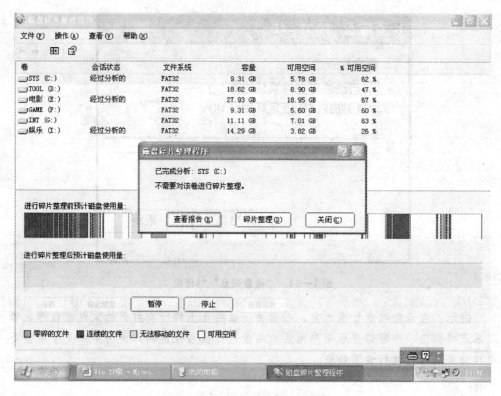

图 1—25 磁盘碎片整理对话框

1.7 Windows XP 的个性化设置

用户安装好 Windows XP 后，可根据自身需求自定义 Windows XP，可以通过"控制面板"对系统软、硬件进行设置使得计算机更加符合用户的操作习惯。

单击"开始"菜单的"设置"子菜单中的"控制面板"命令，打开"控制面板"。Windows XP 中"控制面板"有"分类"和"经典"两种视图模式，可在"控制面板"的左侧窗口进行切换。如图 1—26 所示，显示的是"控制面板"的经典视图。

图 1—26　"控制面板"的经典视图

通过"鼠标属性"对话框可以自定义鼠标的各项属性。双击"控制面板"窗口中的"鼠标"图标打开"鼠标属性"对话框，如图 1—27。

1　设置鼠标键

（1）"切换主要和次要的按钮"：在默认情况下鼠标均为右手习惯，选中该选项，鼠标的左右键功能对调将转换成适合左手习惯的人使用。

（2）"双击速度"：速度越慢鼠标的双击灵敏度越低，速度越快双击灵敏度就越高，对于鼠标用得不熟练的初学者可将双击速度调慢，降低鼠标双击的灵敏度。

（3）"启用单击锁定"：默认情况下鼠标的左键没有单击锁定功能，选中该选项后单击锁定功能被启用，用户可以不需要一直按着鼠标就可以实现拖拽。

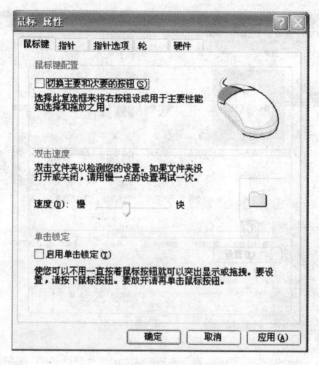

图1—27 "鼠标属性"对话框

2 设置鼠标指针

Windows XP自带了许多鼠标指针的外观方案,用户可以通过"指针"选项卡设置鼠标指针的外观,满足个人的视觉喜好。步骤如下:

(1)单击"鼠标属性"的"指针"选项卡,如图1—28。

(2)从"方案"下拉列表中选择一种系统自带的指针方案,可在"自定义"列表中看到该方案的指针外观。

(3)如果用户希望指针带阴影,可以选中"启用指针阴影"选项。

(4)单击"应用"即可完成鼠标指针的自定义。

3 设置指针选项

在"指针选项"选项卡中,用户可以对鼠标指针的移动速度和轨迹显示进行设置。默认情况下,鼠标指针以中等速度移动,且在移动的过程中不显示轨迹。"指针选项"选项卡如图1—29。

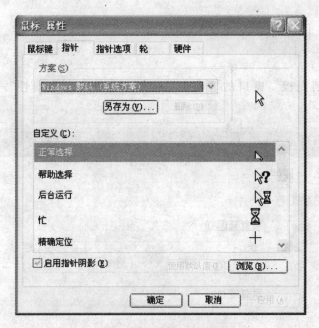

图 1—28　"指针"选项卡

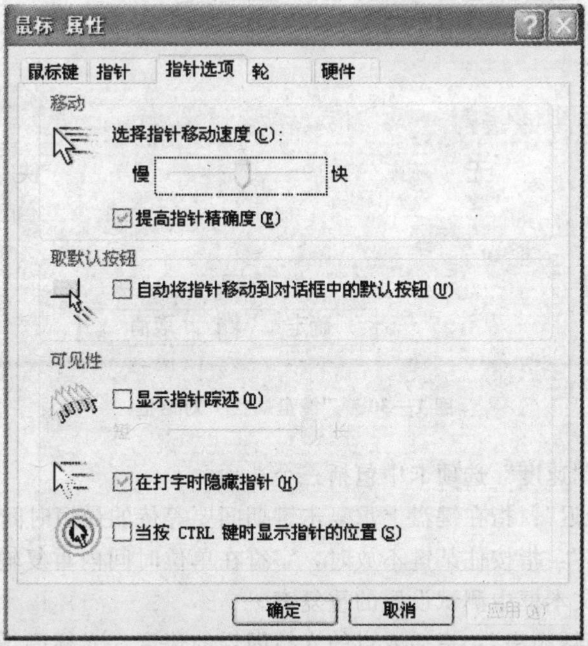

图 1—29　"指针选项"选项卡

双击"控制面板"窗口的"键盘"按钮，打开"键盘属性"对话框，如图1—30。

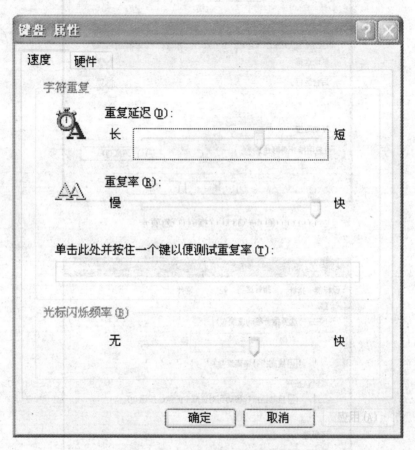

图1—30　"键盘属性"对话框

键盘属性的"速度"选项卡中包括三个选项：

（1）"重复延迟"：指在键盘上重复击键期间要等待的最短时间。

（2）"重复率"：指按住某键不放时，字符在单位时间内重复输入的速度。可以在测试重复率的文本框中测试设置的重复率。

（3）"光标闪烁频率"：指插入点的光标闪烁的速度，光标闪烁过快会使用户的眼睛不舒服，过慢又影响操作速度，用户可以根据个人需要调整至一个最佳状态。

通过"显示"属性用户可以设置个性化的桌面背景、屏幕保护、电源管理、色彩方案等以满足个人的喜好和习惯,让操作计算机显得更加方便、轻松。

在"控制面板"上双击"显示"即可打开"显示"属性对话框,如图 1—31。在桌面的空白处单击右键,在弹出的快捷菜单中选择"属性"命令,也可以打开"显示属性"对话框。

图 1—31　"显示"属性对话框

1　自定义桌面主题

用户可以根据自己的喜好自定义桌面主题。

在"主题"下拉列表框中，系统自带多套主题方案，主要有两种："Windows XP"和"Windows 经典"，用户如果不适应"Windows XP"的主题，可以选择"Windows 经典"主题，回到 Windows 以前版本的主题桌面。

用户也可以用自己熟悉的名字来定义系统方案的主题或新选择的主题。

2　个性化桌面

安装 Windows XP 系统后，默认的桌面背景是"蓝天、白云、草地"，用户可以通过"桌面"选项卡把桌面背景换成自己喜欢的样式。操作步骤如下：

（1）打开"桌面"选项卡，如图1—32。

图1—32　　"桌面"选项卡

（2）在"背景"列表中选择墙纸文件，选择好背景文件后，可以先预览其效果。

（3）选定好背景图片后，"位置"下拉列表即被激活，其中有"拉伸"、"居中"、"平铺"三种显示方式。"居中"：以图片的原始大小出现在屏幕的中间。"拉伸"：如果图片大小不够铺满整个屏幕，就将图片拉伸至整个屏幕。"平铺"：使桌面的图案以原始大小不断平铺直到铺满整个屏幕。

（4）设置好背景文件后，按"应用"按钮，即可完成背景的设置。

除了用系统自带的图片做桌面背景外，还可以将个人的照片、绘制的图画、动画、图案等设为桌面背景。点击"桌面"选项卡中的"浏览"按钮，在弹出的对话框中查找计算机中的图形文件，选中即可。

设置好桌面背景后，可以通过"桌面"选项卡中的"自定义桌面"按钮对桌面的几个系统图标进行设置。点击"自定义桌面"按钮打开"桌面项目"对话框，如图 1—33。

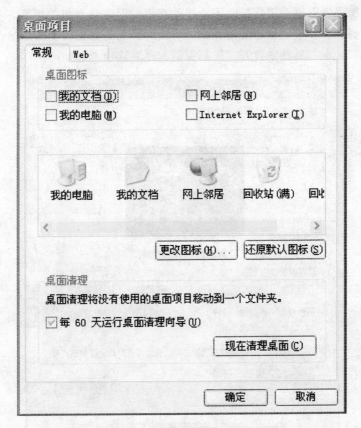

图 1—33 "桌面项目"对话框

（1）在"桌面图标"区，选中某一个复选框，则相应的图标就显示在桌面上。如图 1—33 所示，"我的文档"复选框没有选中，则在桌面上将不会出现"我的文档"的图标。

(2) 在"桌面图标"选项区下面的列表框中，列出了"我的电脑"、"我的文档"、"网上邻居"、"回收站"等系统图标，用户可以点击"更改图标"按钮来更改这些系统图标的样式。如要还原成系统默认的图标，点"还原默认图标"按钮即可还原。

(3) 在"桌面清理"区，选中"每 60 天运行桌面清理向导"即开启自动清理桌面功能。每 60 天系统将自动运行桌面清理向导清理桌面，该功能是将桌面上不经常用的图标移动到一个文件夹中存放，以减少桌面图标数目达到清理桌面的目的。也可手动启动该功能，点击"现在清理桌面"按钮即可打开桌面清理向导。

3 设置屏幕保护程序

屏幕保护程序可以在用户暂时不操作计算机时屏蔽计算机的屏幕，不但有利于保护计算机的屏幕和节电，还能防止别人看到屏幕上的数据。步骤如下：

(1) 在"显示"属性中打开"屏幕保护程序"选项卡，如图 1—34。

图 1—34 "屏幕保护程序"选项卡

（2）在"屏幕保护程序"下拉列表中选择一款满意的屏幕保护程序，有些屏幕保护程序可以自定义属性。例如，选中"字幕"这款屏保程序，点击"设置"按钮打开"字幕设置"对话框，如图1—35。用户可以自定义字幕的内容、位置、速度、背景颜色及文字格式等。设置好后点击"确定"回到"屏幕保护程序"选项卡。

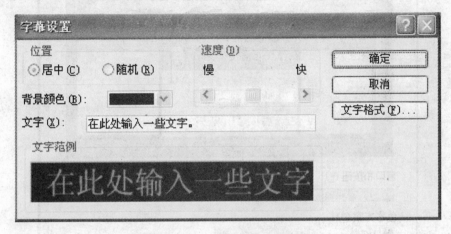

图 1—35　"字幕设置"对话框

（3）用户可以根据需要设置系统等待多少分钟后启动该屏幕保护程序，以及在恢复时是否返回到欢迎屏幕。

（4）设置好后可先点击"预览"按钮查看效果，如果满意，点击"应用"按钮即可。

4 外观设置

屏幕外观是指 Windows XP 在显示时，所使用的窗口和按钮样式、色彩方案和字体大小。用户可以根据个人喜好，在对应的下拉列表中选择满意的屏幕外观方案。"外观"选项卡如图 1—36。

5 设置屏幕的分辨率、颜色质量和刷新率

打开"设置"选项卡，如图 1—37。

（1）设置屏幕分辨率

屏幕的分辨率是指屏幕所支持的像素的个数。例如：800×600、$1\,024 \times 768$ 等。分辨率越高，显示的图像和文字就越清晰。

拖动"屏幕分辨率"区的游标，选择分辨率，点击"应用"按钮，屏幕以选定的分辨率显示，并弹出确认对话框，如图1—38，按"是"按钮确认所设置的分辨

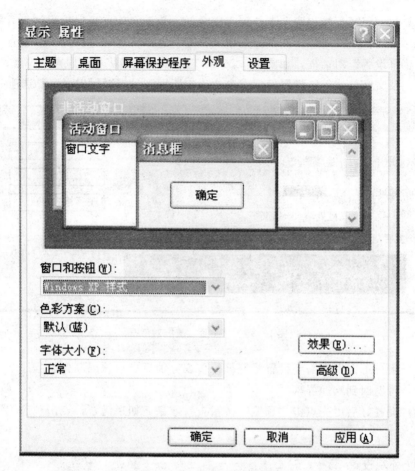

图1—36 "外观"选项卡

率,如果按"否"或不按任何按钮,系统将在15秒后自动恢复成以前的分辨率。

(2)设置颜色质量

在 Windows XP 中,可以选择系统和显示器同时能够支持的颜色数目,颜色数目越多屏幕上显示的色彩就越丰富,越接近自然界的色彩。设置颜色的方法与设置分辨率的方法基本一样,在"颜色质量"下拉列表中选中颜色方案后,点击"应用"按钮,弹出确认对话框,如果用户对该颜色方案满意,点击"是"确认颜色设置,点击"否"或不按任何按钮,系统将恢复成以前的颜色显示。

(3)设置刷新率

刷新率是指屏幕每秒刷新的次数即频率。电子束扫描过后,其发光亮度只能维持极短的时间,为了让人看到稳定的图像,就必须在图像消失前使电子束不断地扫

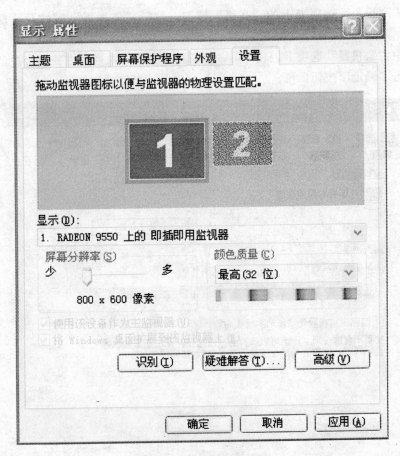

图 1—37 　"设置"选项卡

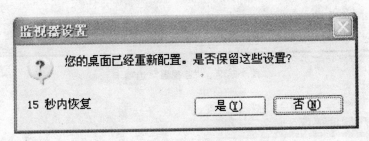

图 1—38 　"分辨率设置"确认对话框

描整个屏幕,这个过程称为刷新。刷新率如果太低用户会有头晕的感觉,容易使眼睛疲劳。因此,用户可以将刷新率调至显示器支持的最高频率。方法如下:

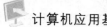

点击"设置"选项卡上的"高级"按钮，打开"监视器"属性对话框，如图
1—39。

选中"监视器"选项卡，在"屏幕刷新频率"的下拉列表中找到合适的刷新频
率，点击"确定"按钮即可。

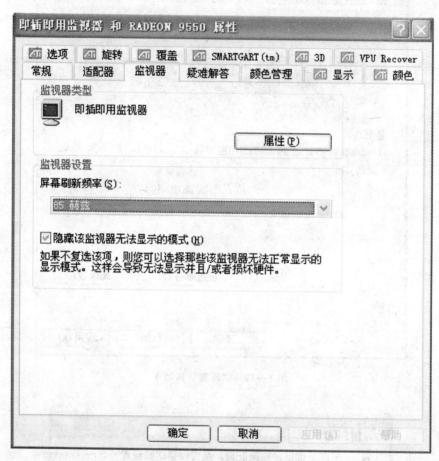

图1—39　"监视器"选项卡

1.7.4　应用程序的相关操作

1　安装应用软件

当机器安装了系统软件（如 Windows XP）后，用户就可以根据需要来安装应
用软件了，例如，Office 2003、瑞星杀毒等。安装的方法很多，我们介绍一种最常

用的方法，从光盘安装。例如，在 D 盘安装 Flash MX 应用软件，其步骤如下：

（1）将 Flash MX 软件的安装盘放入光驱，打开光驱，找到安装文件（此文件的扩展名为".exe"，注意正确选择）。

（2）双击安装文件打开 Flash MX 软件的安装向导，按照安装向导提示的要求操作，点击下一步，由于默认的安装目录是 C 盘，当出现图 1—40 的界面时将安装目录设置成 D 盘，继续点击下一步，为了防止盗版软件，在安装过程中会出现要求输入序列号的界面，输入正确的序列号，点击下一步即可完成安装。

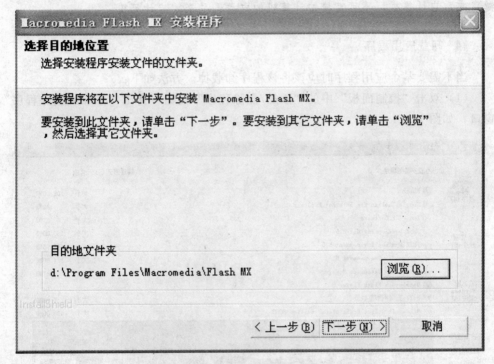

图 1—40　设置安装目录为 D 盘

2 应用程序间的切换

Windows XP 系统具有多任务处理功能，可同时打开多个窗口，Windows XP 提供了多种程序间切换的方法，可以在任务栏上单击所对应的程序按钮或利用"任务管理器"进行切换，也可以按 Alt＋Tab 组合键在各应用程序窗口中切换。

3 关闭应用程序

关闭应用程序可直接点击程序窗口右上角的关闭按钮，也可选择应用程序窗口里"文件"菜单下的"关闭"命令。

提示: 按 Alt+F4 组合键可快速关闭该应用程序。

当遇到应用程序没有响应时可利用"Windows 任务管理器"来结束该程序。同时按下 Ctrl+Alt+Del 三个键,打开"Windows 任务管理器",选中没有响应的程序,点击"结束任务"按钮即可结束没有响应的程序。

提示: 如果上述方法无效,机器没有响应,可按机箱上的 Reset 键(系统复位键)来重启计算机,不可直接按计算机的电源开关来重启计算机。

4 卸载应用程序

当不需要某个应用程序时应该将该程序卸载掉。方法如下:

(1)双击"控制面板"中的"添加/删除程序"按钮,弹出"添加或删除程序"窗口,如图 1—41。

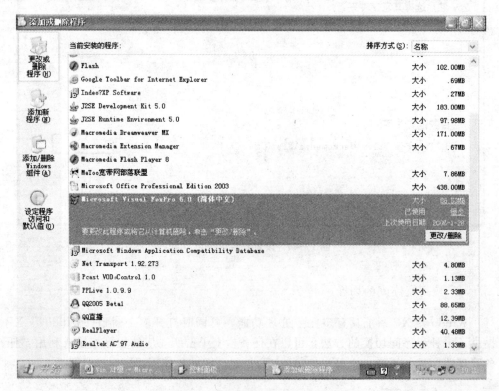

图1—41 "添加或删除程序"窗口

（2）在"当前安装的程序"列表中选中要删除的程序，单击"更改/删除"按钮，完成对该程序的卸载。

　　提示：对于某些不能卸载完全的应用程序，可以根据卸载提示对部分不能卸载的文件进行手动删除。

1.7.5　设置系统的日期和时间

　　点击"控制面板"上的"日期和时间"按钮，打开"日期和时间属性"对话框，如图1—42。

　　提示：在任务栏右侧的时间上双击，可快速打开"日期和时间属性"对话框。

图1—42　"日期和时间属性"对话框

在该对话框中，用户可以设置系统的日期和时间。

1.7.6　系统用户管理

　　Windows XP是微软推出的真正意义上的多用户、多任务的视窗操作系统。

　　通过"用户账户"管理可以进行创建、更改和删除用户等操作。

　　双击"控制面板"上的"用户账户"按钮，打开"用户账户"管理对话框，如图1—43。

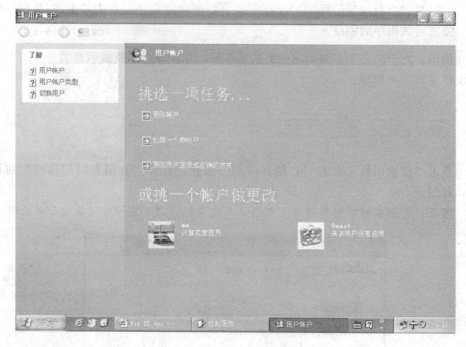

图1—43 "用户账户"管理对话框

1 创建新账户

当与他人共用一台计算机时，可为自己创建一个账户或为他人创建一个来宾账户。用户有了自己的账户后，能提高登录速度，能在用户之间快速切换，而不需要关闭用户程序；进入自己的账户可以拥有自己定义的 Windows 和桌面、保护重要的计算机设置，并拥有自己的"我的文档"文件夹，可以使用密码保护私人的文件等。

在创建新账户时，用户必须以计算机管理员账户身份登录。方法如下：

（1）在"用户账户"窗口中，单击"创建一个新账户"按钮，打开"为新账户起名"窗口，如图1—44。

（2）在文本框里输入新账户的名称，如"我的账户"，点击"下一步"，打开"挑选账户类型"窗口，如图1—45。

（3）选择一个账户类型。账户类型分为，"计算机管理员"类型，此类型拥有最高权限，可以创建、更改和删除用户，可以对系统进行修改以及安装和访问所有程序。"受限"类型的账户权限受限，不是总能安装程序。根据程序的不同，用户可能需要管理权限才能安装它。而且在 Windows XP 推出以前设计的程序可能在受限账户中不能正确运行。

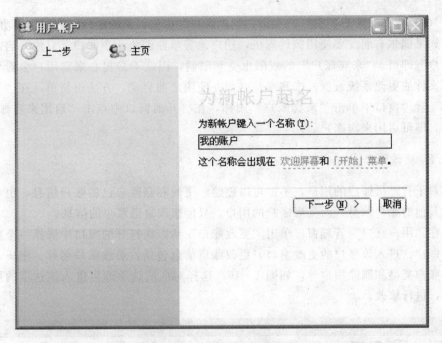

图 1—44　"为新账户起名"窗口

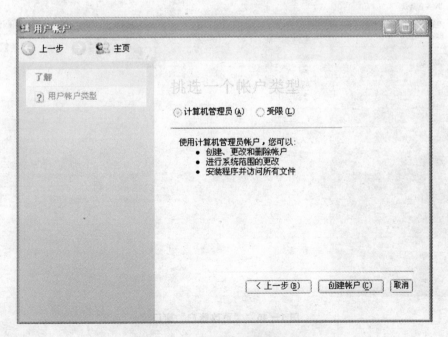

图 1—45　"挑选账户类型"窗口

（4）选择好账户类型后，点击"创建账户"按钮，新的账户即被创建成功。

如果偶尔有朋友要使用该计算机，用户无需单独创建一个账户，只用开启"来宾账户"即可。"来宾账户"的权限也受到限制，因此不必担心来宾用户会看到自己的文件或更改系统设置。来宾账户必须在使用之前启动，方法很简单，在"用户账户"管理窗口中单击"来宾账户"图标，在打开的窗口中点击"启用来宾账户"按钮，即可启用来宾账户。

2 更改账户

对于管理员账户的用户，不但可以创建、更改和删除自己的账户信息，也可以更改其他的账户信息，而受限账户的用户，只能修改自己账户的信息。

在"用户账户"管理窗口单击"更改账户"项，在打开的窗口中选择一个要更改的账户，进入该账户的更改窗口，更改账户信息包括：更改账户名称、密码、图片、账户类型和删除用户等，如图1—46，选择对应的选项即可进入该选项的更改窗口，进行修改。

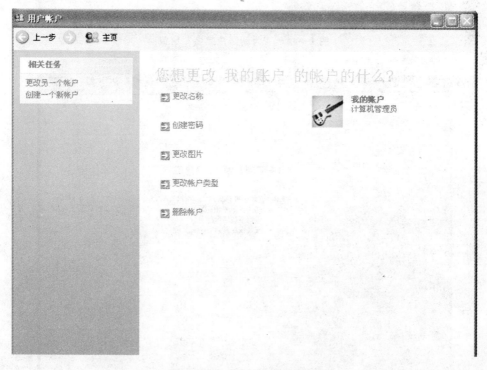

图1—46　"更改账户"窗口

本章小结

　　计算机已经渗透到当今社会的各行各业，熟练地操作计算机已经成为一项必不可少的职业技能。目前微机多以 Windows 为操作系统，掌握 Windwos 的操作是学习计算机操作的第一步。本章从 Windows XP 界面的组成、文件和文件夹的管理、输入法的使用、应用软件的安装和系统的设置与维护等几个方面进行了详细的讲解。通过本章的学习，读者将会对计算机的操作有一个初步的了解，为以后各章的学习打下一个良好的基础。

复习题

一、选择题

1. 在桌面上创建快捷方式的方法有（　　）。
   A. 用鼠标右键单击"桌面"空白处，选择"新建"→"快捷方式"
   B. "资源管理器"→"桌面"→"文件"下拉菜单→"新建"→"快捷方式"
   C. "资源管理器"中找出想要的文件，利用鼠标右键把它拖到桌面上，建立快捷方式
   D. 以上答案均正确

2. 下列操作能在各种中文输入法之间切换的是（　　）。
   A. Ctrl＋Shift　　　　　　　　B. Ctrl＋空格键
   C. Alt＋F　　　　　　　　　　D. Shift＋空格键

3. 在 Windows XP 中能更改文件名的操作是（　　）。
   A. 用鼠标右键单击文件名，选择"重命名"，键入新文件名后按回车键
   B. 用鼠标左键单击文件名，选择"重命名"，键入新文件名后按回车键
   C. 用鼠标右键双击文件名，选择"重命名"，键入新文件名后按回车键
   D. 用鼠标左键双击文件名，选择"重命名"，键入新文件名后按回车键

4. 在 Windows XP 中删除文件或文件夹时，按住（　　）和 Delete 键可以不移入"回收站"而直接删除。
   A. Ctrl　　　　　　B. 空格　　　　　　C. Shift　　　　　　D. Alt

5. 从文件列表中同时选择多个不相邻文件的方法是（　　　）。

　　A. 按住 Alt 键，用鼠标单击每一个文件名

　　B. 按住 Ctrl 键，用鼠标单击每一个文件名

　　C. 按住 Ctrl＋Shift 键，用鼠标单击每一个文件名

　　D. 按住 Shift 键，用鼠标单击每一个文件名

6. 在 Windwos XP 中为保护文件不被修改，可将它的属性设为（　　　）。

　　A. 存档　　　　　　B. 保护　　　　　　C. 只读　　　　　　D. 隐藏

7. 下列关于"回收站"的叙述错误的是（　　　）。

　　A. "回收站"可以存放硬盘上被删除的信息

　　B. 放入"回收站"的信息可以被恢复

　　C. "回收站"所占据的空间是可以调整的

　　D. "回收站"可以存放优盘上被删除的信息

8. 通配符 * 和? 的含义是（　　　）。

　　A. * 表示任意多个字符，? 表示任意一个字符

　　B. ? 表示任意多个字符，* 表示任意一个字符

　　C. * 和? 表示乘号和问号

　　D. * 和? 的含义是相同的

9. 以下属于冷启动方式的是（　　　）。

　　A. 按 Ctrl＋Alt＋Del　　　　　　B. 按 Ctrl＋Break

　　C. 按 RESET　　　　　　　　　　D. 打开电源开关启动

10. 在 Windows XP 中，多个窗口之间进行切换，可使用快捷键（　　　）。

　　A. Alt＋Ctrl　　　　B. Alt＋Shift　　　C. Alt＋Tab　　　　D. Ctrl＋Tab

二、填空题

1. 利用_____用户可以访问局域网中其他计算机上的共享资源。

2. 修改文件的_____，会导致图标改变，甚至文件无法正确识别。

3. 要删除安装的某个应用程序，可以通过_____中的"添加或删除程序"将其卸载。

4. 选中文件或文件夹后，按_____键可以给文件或文件夹重命名。

5. 磁盘上保存了大量的文件，这些文件并非总是保存在一个连续的磁盘空间上，一个文件可能会被分散放在多个地方，这零散的文件就是_____。

6. 在 Windows 中可以同时打开多个窗口，在多个应用程序之间切换可以用_____组合键。

7. 如果有某个应用程序长时间没有响应，可以通过_____来结束该程序。

8. 鼠标分左右两个键，一般情况下双击_____可以打开一个程序。

9. 菜单中若某个命令项为灰色，则说明在当前条件下该命令＿＿＿＿＿＿。

10. 删除到"回收站"中的文件不能直接在"回收站"中打开，只有将其＿＿＿＿＿＿后，才能打开该文件。

讨论及思考题

1. 如何将"开始"菜单设置成经典样式？

2. 如何添加一种五笔输入法？

3. 如何将文件设置为隐藏属性，并且让其在一般情况下不可见？

4. 计算机的账户分为几类，如果一台计算机允许多人同时使用如何根据不同的权限需要创建账户？

第 2 章

中文 Word 2003

【本章要点提示】
- 文档的输入、移动、复制等基本编辑；
- 文档的修改、保存设置；
- 字符格式的设置；
- 段落格式的设置；
- 页面格式的设置；
- 首字下沉、分栏、边框与底纹设置等高级排版技术；
- 图片、艺术字等与文本的混合排版。

【本章内容引言】

中文 Word 2003 是 Microsoft Office 2003 系列软件中普及程度最广，使用频率最高的组件之一，广泛应用于各种办公文件、商业资料、科技文章以及各类书信的编辑。用户可以用它编排出精美的文档，绘制图片，设计特殊格式的表格。它为我们提供了友好的操作界面以及强大的编辑功能，是用户最喜爱的专业文字处理软件之一。

本章将层进式地介绍中文 Word 2003 对文档进行格式编辑的技术，其中包括文档的基本编辑、基本排版以及高级排版技术、表格与图片的具体创建方法和编辑。

2.1　中文 Word 2003 基本介绍

在应用任何软件之前，我们必须先打开它，下面介绍中文 Word 2003 的启动方法。

1　启动中文 Word 2003 应用程序

启动 Word 2003 的方法很多，常用的有以下几种：

方法一：利用"开始"菜单启动。

单击打开"开始"菜单，在该菜单中选择"程序"选项，然后在打开的下一级菜单"Microsoft Office"中点击打开"Microsoft Office Word 2003"程序项。

方法二：双击桌面上的 Word 程序图标，即可启动 Word 2003。

2　退出 Word 2003

退出 Word 2003 的方法也很多，我们一般采用以下方法退出该程序：

方法一：单击 Word 2003 窗口右上角的关闭按钮。

方法二：点击 Word 2003 窗口的"文件"菜单，通过"退出"命令项关闭。

Word 2003 程序启动后，会有一个极其友好的编辑界面展示于用户面前，如图 2—1 所示，其主要由标题栏、菜单栏、工具栏、编辑区以及状态栏构成，下面我们一起来具体了解一下这些区域。

（1）标题栏：该区域显示了当前正在被编辑文档的文件名和应用程序名。当用户启动程序后，程序默认的第一个文件名称为文档 1，用户可以自行修改。

（2）菜单栏：由九个菜单项组成，每个菜单项都包含一组自己的命令，打开菜单项，选择其中的按钮，Word 程序就执行此命令的功能。

（3）工具栏：对于频繁使用的一些操作，如新建文档与文档的打印与保存等操作，通过菜单栏操作有时可能会比较费时，程序在工具栏中用快捷图标按钮提供了

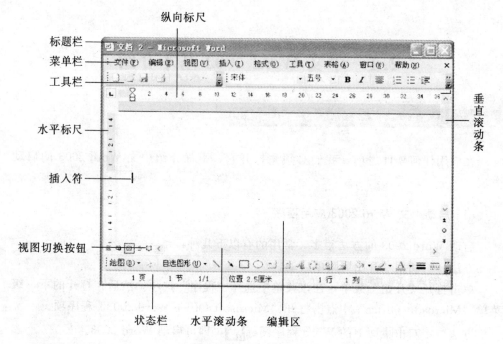

图 2—1 Word 窗口界面

经常使用的一些命令和操作项。

（4）标尺：程序为用户提供了水平标尺和纵向标尺，用来精确显示和设置各个对象的位置。

（5）编辑区：该部分为 Word 窗口的主要界面，进行编辑的文本、图片都需要在该区域进行输入，并对这些对象进行修改和排版。

（6）状态栏：该区域显示了该文件在编辑中的相关信息，如该文档的总页数，当前光标在文档中的具体位置等。

（7）垂直滚动条：利用垂直滚动条可以使文档上下滚动，以查看文档的内容。

（8）水平滚动条：用来左右滚动文档的当前页面，以查看文档内容。

（9）视图切换按钮：在 Word 2003 中提供了 5 种不同的视图方式，即：

普通视图

在普通页面下，可以连续显示文档内容，但是不能显示页眉、页脚和多栏版式，在文档编辑过程中一般采用该视图方式。

Web 版式视图

由于 Word 2003 中可以编辑 Web 网页，所以在编辑网页时，采用这种视图方式比较直观和方便。只有在该视图方式下，才能正确显示用户编辑的网页的效果。

页面视图

在为待打印的文档做最后的调整时，最好使用该视图方式，此时文档显示的效果和打印出来的效果完全一致。

大纲视图

对于一个有多重标题的文档，往往需要按照文档中标题的层次来查看文档，这时就要选择大纲视图，在该视图方式下，用户可以折叠文档，只查看主标题，或者扩展文档。

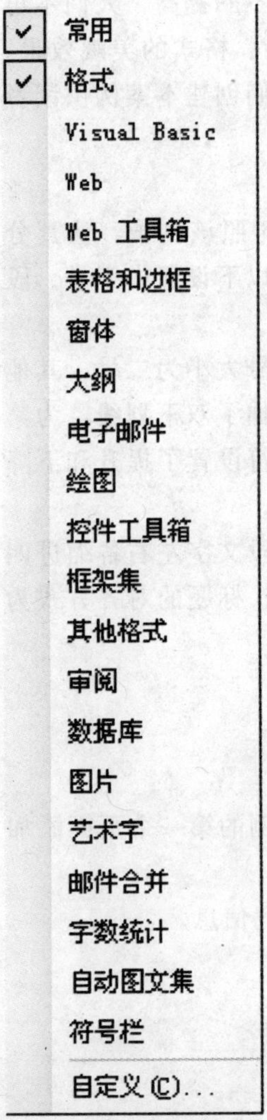

✓	常用
✓	格式
	Visual Basic
	Web
	Web 工具箱
	表格和边框
	窗体
	大纲
	电子邮件
	绘图
	控件工具箱
	框架集
	其他格式
	审阅
	数据库
	图片
	艺术字
	邮件合并
	字数统计
	自动图文集
	符号栏
	自定义(C)...

图 2—2　添加工具条

阅读版式视图

对于页面较多的文档，若用户需要对其查看或者阅读时，采用这种视图方式比较方便，它能同时显示多个页面，并且能很方便地在不同页面间进行切换。

我们可以根据当前编辑的需要，选择某种比较方便的视图方式。

我们可以对窗口进行下列相关操作：

（1）位置调节：菜单栏、工具栏的相对位置可以由用户自主调整，将鼠标置于工具栏上最左端或最右端，当其变为四角箭头形状 ✥ 时，按下左键拖动鼠标，可以任意调节工具栏的放置位置。

（2）添加、隐藏相关选项：工具栏中显示了用户最近经常使用的操作选项，系统默认显示的选项为"常用"项和"格式"项，用户可以根据自己的实际需要进行添加，具体操作方法为：在菜单栏或工具栏上点击鼠标右键，系统会弹出如图 2—2 所示的菜单，在该菜单项中，选项前有"√"标记的表示工具栏中已经存在，用户可以自主添加或取消。

（3）显示、隐藏标尺：Word 2003 程序默认在窗口中显示标尺信息，我们可以根据需要对其进行显示或隐藏，其操作方法为：单击打开"视图"菜单项，点击"标尺"选项对窗口中标尺进行显示或隐藏设置。

（4）相关操作：在使用工具栏的相关按钮时，当不清楚某按钮的用途和名称时，可将鼠标置于其上片刻，在指针下方会显示该按钮的相关信息。

（5）若要在不同的视图方式之间切换，可以通过单击文档编辑窗口水平滚动条左侧的视图按钮来完成。

在进行文档的编辑之前，希望用户能够充分地熟悉界面，并且熟悉一些菜单和按钮的使用，这样会提高文档的编辑效率。

2.2　本章典型实例分析

　　Word 2003 现在为越来越多的用户所接受，作为专业的文档排版软件，其以强大的功能而优越于其他软件。因为现在用户对页面排版的要求不断提高，人们不再满足于仅仅将文字简单地拼接在一起，还需要整个排版的布局、格式的美观效果，这样就为排版人员的能力提出了较高的要求，在该要求下，我们创建本案例供读者参考。

案例分析：

　　在本案例中，包括了本章的多数典型的操作，用户可以对照该例子，认真分析，以更好地达到对后面内容学习的效果（为适合排版需要，以下设置中字号、段间距等作了相应的缩小）。

　　字符格式设置：所有文字为宋体的字体样式，标题文字字号大小为二号，其他为四号字，并为文章第一段文字添加了着重号，第二段文字添加了双下划线，为第五段字符的字符间距设置了加宽 6 磅的效果，并为其中部分字符设置了提升和下降的效果。

　　段落格式设置：全篇文字首行缩进两个字符的空间；第四段文字左右各缩进四个字符；所有段落段前距和段后距均为 1 行，段间距为 1.5 行；标题的对齐方式为居中对齐，其他段落均为左对齐方式。

　　分栏设置：将文章的第二段设置为两栏。

　　项目符号：如第二段和第四段开头的"◆"标记。

　　首字下沉：如文章第一段的第一个字符的样式。

　　边框和底纹：如为第四段设置了边框及底纹样式，并为案例的第一个页面添加了页面边框。

　　页眉与页脚：为文章页面设置了页眉，并在其中插入了页码信息。

　　图片编辑：在文章的第三段中插入了一个图片文件。

深 秋

深秋，我踩着一地的落叶回到故乡，那个遥远的小山村。踏上故乡青石板铺就的老街，不忍停下脚步，凝神品味着秋季的淡然和阳光。

◆ 在外漂泊多少年，我仍然独独喜爱故乡的秋天，喜爱深秋那缕如烟的乡愁，喜爱老街深处飞扬的雨丝，喜爱

故乡小山坡上摇落满树丰腴的淡淡的秋风，喜爱故乡如血的落霞、薄薄的月纱，还有那一地如蝴蝶般飞舞着的落叶……

躺在故乡的小山坡几朵白云游来游去很快如血，大地空旷静谧，在人的牛车为伴，一路听着在暮色中。

上看秋季的天空，天好高，天好蓝，变成了丝絮状。深秋的落霞，残阳霭霭暮霞中和小伙伴蹦跳着与农响亮的牛铃声悠悠扬扬直到消失

◆ 童年的我还喜欢站在杨树下，数着老树的年轮，透过已经落得差不多的树叶看太阳，或是在枯草衰叶寻找曾经的生命的感动。秋风起的时候，萧瑟秋风今又是，摇黄了夏日的浓阴，也摇落了一地的乡愁，让人不禁期盼，深秋的缠绵悱恻，也因天气转凉而感叹草木摇落露为霜！

突然想起了"一年好景君须记，最是橙黄橘绿时"的诗句来。

2.3　文档的基本操作

现在大家对 Word 2003 窗口已经有了基本的认识，马上就要开始 Word 2003 文档的编辑了，想熟练掌握该软件的使用方法吗？请继续下面的学习，本书将循序渐进地介绍其使用方法。

2.3.1　创建新文档

使用 Word 2003 进行文字处理时，先必须要创建一个空白的 Word 文档，然后再在该文档中进行文字和图片的录入与编辑。创建新文档的方法很多，其中包括：

方法一：选择"文件"菜单的"新建"命令，直接选择生成一张"空白文档"即可。

方法二：单击常用工具栏上的新建按钮 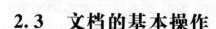 。

提示：Word 程序创建文件的扩展名为 doc。

2.3.2　录入文档

创建新文档后，用户就可以进行文档的录入了，在编辑区中我们可以看到一个闪烁的标记，该标记为插入符，它为用户显示当前信息的具体输入位置，用户只需要在该区域中直接输入文本信息就可以了。

当现有段落输入完毕后，若用户需要另起一个段落，需在原段落末尾按回车键，此时程序默认在原段落末尾有个"　"的段落标记。

提示：用户可以根据实际需要对段落标记进行隐藏。点击打开"视图"菜单，在"显示段落标记"命令项上点击后，就可以对该标记进行显示或隐藏设置。

Word 2003 有两种编辑状态，即"插入"和"改写"。程序默认的是"插入"状态，此时状态栏上的"改写"字样以灰色显示。在插入状态下输入字符时，插入点及其后面的信息将自动向后移动；若切换到"改写"状态后，则后面的字符会依次被输入的字符所替换。用户可以通过双击状态栏上的"改写"字样，以达到在两种编辑方式之间切换的目的。

在文档的录入过程中，有时候需要输入某些键盘上没有的特殊字符或符号，Word 2003 提供了大量特殊符号以满足用户的需要，下面介绍其录入方法：

(1) 将插入符置于要录入符号的位置；

(2) 点击打开"插入"菜单中的"特殊符号"命令项，将弹出如图 2—3 所示的对话框；

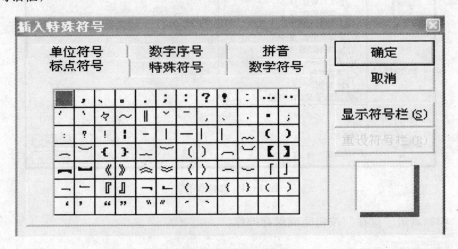

图 2—3　符号插入

(3) 在提供的 6 种符号中，用户选定要插入的符号样式后，点击"确定"按钮即可。

2.3.3　文档的保存

用户在使用 Word 2003 进行编辑后，就必须对编辑过的文档进行保存，否则就可能因为机器断电或系统死机而导致已经编辑的文档丢失，那样将使我们的编辑前功尽弃，所以用户一定要认真掌握文档的保存方法。常见的文档保存分以下几种情况：

1 文档的首次保存

(1) 点击打开"文件"菜单下的"保存"或"另存为"命令项（或使用快捷键 CTRL＋S 的组合键），将弹出如图 2—4 所示的"另存为"对话框。

(2) 用户在打开的对话框的"文件名"一栏中输入将要保存文档的文件名，并根据实际需要更改文件的保存位置，Word 2003 默认是将文件保存在"My Documents"文件夹下。

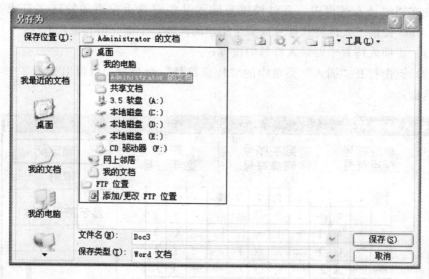

图 2—4　文件保存

（3）点击"保存"按钮完成保存操作。

2　文档的再次保存

当对保存过的文件进行修改后，若用户不需要对修改之前的文档留存，只需使用"文件"菜单下的"保存"命令项（或直接用 CTRL＋S 的组合键），此时原文件自动被修改过的文件覆盖，并且屏幕将不提示任何保存信息。

若用户需要对原有文档进行备份，则需要用到"另存为"命令项，用户需在如上图所示的对话框中输入修改过的文件的文件名，或更改新文件的保存位置。

提示：当对文档进行首次保存时，使用"保存"和"另存为"的操作界面和效果相同。

3　文档的自动保存

为了防止机器断电或系统死机等意外事故对用户的影响，Word 2003 提供了对文档的自动保存功能，这样为我们用户大大地提供了方便，其具体设置为：

（1）点击打开"工具"菜单下的"选项"命令，在弹出的"选项"对话框中点击打开"保存"选项卡，将弹出如图 2—5 所示的对话框。

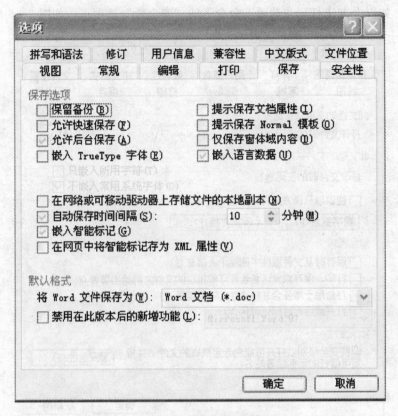

图 2—5　自动保存对话框

（2）选中"自动保存时间间隔"复选框，并在"分钟"微调框中选择或输入具体的时间间隔。

（3）点击"确定"按钮完成设置。

注意： 自动保存并不能代替用户的人工保存，在用户对编辑的文档来不及保存时，当下次再次打开 Word 程序时，程序将提示是否需要对未保存的文档进行保存，此时用户一定要手动对该文档进行保存，否则该文件将会丢失。

4 文档保护

有时用户不希望自己编辑的文档被其他人查看或修改，Word 2003 提供了对文档设置打开权限密码和修改权限密码的功能，这样防止了信息的泄露。下面介绍一下打开权限密码的设置方法：

（1）如以上方法打开"选项"命令下的"安全性"选项卡，如图 2—6 所示。

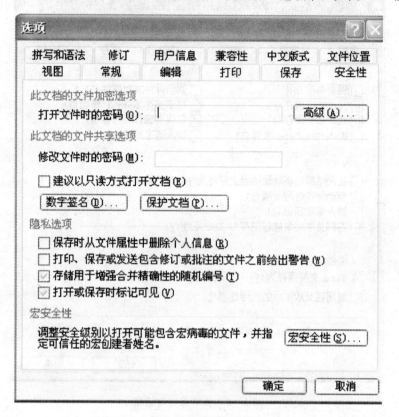

图 2—6　密码设置

　　（2）在"打开文件时的密码"中输入自己的密码，注意在输入过程中英文区分大小写。

　　（3）点击"确定"按钮后，程序会要求对刚才输入的密码再次输入一遍，当用户输入正确以后，再次点击"确定"按钮即可。

　　通过以上设置后，若将该文档所在的窗口关闭后，下次用户只有在提供了正确的密码以后才能打开该文档。

　　"修改文件时的密码"设置方法与"打开文件时的密码"设置方法完全相同，在此不再赘述。

　　若需要取消已经设置的密码，只需要重新对该文档保存一遍，在保存的同时，删除已经设置的密码就可以了。

2.3.4　打开文档

对已经保存在磁盘上的 Word 文档，用户可以用以下的几种方法打开：

方法一：磁盘上找到该文件后，双击该文件的文件图标即可完成打开操作。

方法二：通过 Word 2003 程序打开。

（1）启动 Word 2003 程序；

（2）点击打开"文件"菜单下的"打开"命令，在弹出的"打开"对话框中输入需要打开的文件名，点击"确定"按钮即可。

提示：在执行打开操作时，若被打开的文件设置了打开权限密码，只有在提供了正确的密码以后才能打开该文件。

2.3.5　打印设置

当用户将一篇文档编辑好以后，很可能要将其打印出来，这样自己编辑的文档就能被更多的人欣赏。成功的打印文档包括打印预览和打印设置等步骤。本节将简要介绍这部分内容。

（1）打印预览

打印预览是程序为用户提供的非常实用的功能，在对文档进行打印之前，可以通过该方式对文档做最后校对和检查。其具体操作步骤为：

选择"文件"菜单下的"打印预览"命令项，或在工具栏上点击"打印预览"按钮，则被编辑的文档进入预览状态。

打开的预览界面默认是全屏显示，并且每屏显示一个页面，用户也可以选择自定义多页的显示方式来预览该文档。在打印预览模式的工具栏上单击"　"按钮，从中可以选择文档的多页显示方式。

若要退出打印预览模式，只需在该模式下点击工具栏上的"关闭"按钮即可。

文档在打印出来后，和预览的效果一样，所以我们要认真在预览状态下检查文档，这样才能尽可能地保证文档的高质量输出。若我们在该状态下发现文档中的一些错误，可以回到普通状态后，修改该错误，然后再在预览状态下查看，如此反复地进行编辑。

（2）打印设置

若用户编辑完成后，通过打印预览方式看到的是一篇令人满意的精美文档，此时就可以对文档进行打印操作了。打印设置的方法很简单，其方法为：

点击打开"文件"菜单，选择其中的"打印"命令项，即可打开如图2—7所示的"打印"对话框。

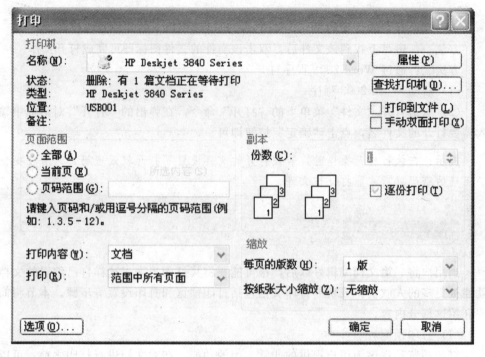

图2—7 打印设置

通过该对话框进行打印设置，其主要设置的内容有：

打印的页面范围：是对该文档中的所有内容进行打印，还是打印文档中的部分页面，用户可以根据需要进行指定和设置；如需要打印该文档中的第1、2、3页和第5页，在"页码范围"文本框中可以输入"1—3,5"即可。

打印的份数：用户可以自主设定对该文档打印的份数。

打印：是打印所设置范围中的全部页还是该范围中奇数或偶数页。

2.4 Word 文档的编辑与排版

当文本信息全部录入到文档页面中后，此时还是这些文字的单调组合，下面我们一起来学习对这些文字信息进行编辑和排版。

"先选定后操作"，这是 Windows 操作系统下软件使用的共同规律，在 Word 2003 中，在进行编辑之前，也必须选定被操作的对象。下面介绍选定不同范围的文本或对象的方法。

（1）选定任意大小的文本：将插入符置于要选定区域的起始位置，按住鼠标左键，并移动鼠标到选定区域的末尾位置，释放鼠标，此时鼠标经过区域的信息被全部选中。

（2）选定整个段落：在该段落中的任意位置三击鼠标左键，则该段落中的所有信息即被选中。

（3）选定大块文本：将插入符置于要选定区域的起始位置，按下 Shift 键，然后在选定区域的末尾位置单击鼠标，则插入符所在的位置和鼠标点击位置之间的区域被全部选中。

（4）选定整篇文档：运用 CTRL＋A 的组合键。

1　文档的移动

在编辑文档时，有时需要改变某些文字或图片信息的放置位置，此时就需要对这些信息进行移动，其具体操作方法为：

方法一：

（1）选中要移动的文本或图片信息；

（2）点击打开"编辑"菜单，运用"剪切"命令后，此时会观察到选中的信息在原位置消失了；

（3）将插入符置于该信息要移动到的目的位置后，点击鼠标右键，运用"粘贴"命令即可。

方法二：

（1）选中要移动的文本或图片信息；

（2）运用 CTRL＋X 的组合键对选中的信息进行剪切；

（3）将插入符置于该信息要移动到的目的位置后，运用 CTRL＋V 组合键即可。

若只近距离地移动文本等信息，可以运用以下方法：

方法三：

（1）选中要移动的文本或图片信息；

（2）用鼠标左键单击已被选中的信息，按住左键不放，将鼠标拖动到该信息所要移动到的目的位置后，释放鼠标即可。

2 文档的复制

在文档编辑过程中，有时某些信息需要在文档的多个位置出现，即对某一信息进行复制，Word 2003 提供了文档复制的功能，将指定的信息复制到文档中指定的地方，这样为用户免去了许多重复的输入工作。其具体操作方法为：

方法一：

（1）选中要移动的文本或图片对象；

（2）点击打开"编辑"菜单，运用"复制"命令；

（3）将插入符置于该信息需要重复出现的位置后，点击鼠标右键，运用"粘贴"命令即可。

方法二：

（1）选中要移动的文本或图片信息；

（2）运用 CTRL＋C 的组合键对选中的信息进行复制；

（3）将插入符置于该信息需要重复出现的位置后，运用 CTRL＋V 组合键即可。

方法三：

（1）选中要移动的文本或图片信息；

（2）用鼠标左键点击已被选中的信息，按住左键不放，拖动鼠标，在鼠标拖动的同时按下 CTRL 键不放，直到鼠标拖动到该信息需要再次出现的位置后，释放鼠标。

3 文档的删除

删除文本的方法很简单，和一般删除操作一样，使用 Backspace 键和 Delete 键分别删除插入符之前和之后的字符信息。

若一次需要删除多行文本，先要选中要删除的文本后，再按 Delete 键。

提示：用户也可以用"剪切"的方法对选中的内容进行删除。

2.4.3 撤销与恢复操作

1 撤销

在某些情况下，用户可能因为误操作而删除了某些需要保留的信息，这时需要对刚进行的删除操作进行撤销，Word 2003 提供了撤销以前操作的功能，这样为用户避免了"一失足成千古恨"的遗憾。其具体操作方法为：

（1）单击"常用"工具栏上撤销按钮　　后的下拉按钮，将弹出撤销列表，如图 2—8 所示，其按顺序显示了用户最近对文档做过的多数操作。

图 2—8　"撤销"工具条

（2）根据实际需要，选择要撤销的步骤，在列表中点击相应的操作名称，则文档恢复到进行该操作之前的状态。

若用户只需撤销刚刚进行的某一步操作时，可以直接运用 CTRL＋Z 的组合键以达到撤销目的。

2 恢复

恢复是撤销操作的逆操作，当执行了撤销操作后，若用户又希望回到撤销之前的状态，则可运用恢复功能。

在执行撤销操作后，"撤销"按钮右边的"恢复"　　按钮将被高亮度显示，此时可以用"恢复"按钮恢复刚被撤销的操作，恢复功能的操作方法与撤销的操作方法相似，在此不再赘述。

注意：并不是进行的所有编辑都能采用撤销操作进行取消。

　　　　只有在使用了撤销操作之后，恢复操作才能被执行。

2.4.4 查找与替换

文章输入完后，往往要对文章进行检查校对以修改错误，Word 2003 的查找和替换功能为用户提供了很大的方便，用户可以方便地对文档中的文本、符号进行查找和替换，本节将介绍查找和替换的使用。

1 查找

通过"查找"命令可以在文档中将指定的文本、符号等信息查找出来，其具体操作步骤为：

（1）点击打开"编辑"菜单下的"查找"命令项，将显示如图 2—9 所示的"查找和替换"对话框。

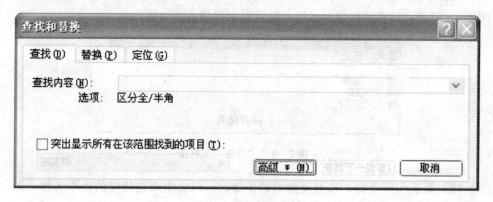

图 2—9 查找对话框

（2）在"查找"选项卡的"查找内容"中输入要查找的文字或字符串，如输入"计算机"。输入的字符串最长可以达到 255 个字符。

（3）单击"查找下一处"按钮，开始执行查找功能。当找到要查找的目标时，当前窗口将切换到该目标所在的页面，并用反白显示要查找的文字。

（4）若用户需要对查找到的内容做其他编辑，则可以单击"取消"按钮，然后对该内容进行其他的编辑操作。

（5）若文档中其他位置还存在该字符，则可以通过单击"查找下一处"按钮，程序将查找下一个匹配的字符，直到整个文档查找完毕。

在熟练掌握了查找功能后，用户就不再苦于从一篇上万字的文档中查找某个文本信息了，我们可以放心地把这个工作交给计算机去处理了，自己可以坐下来好好地休息一下了！

2 替换

上面介绍的仅仅是对文本进行查找操作，而查找和替换常常是联系在一起的，往往是要将文档中某个文本或字符替换为一个特定的其他的字符，此时就涉及到替换功能的执行。如现要将本文档中的"计算机"全部替换为"Computer"，其具体操作步骤为：

（1）点击打开"编辑"菜单下的"查找"命令项，并点击打开"替换"选项卡，将显示如图 2—10 所示的"查找和替换"对话框。

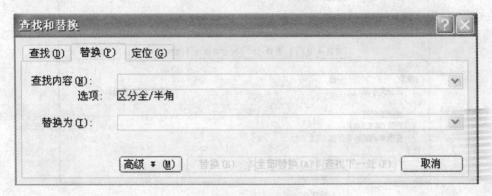

图 2—10　替换对话框

（2）在"查找内容"中输入需要替换的文本或字符串，如输入"计算机"。

（3）在"替换为"的输入框中输入替换后的字符，如"Computer"。

（4）单击"替换"按钮，当前被查找到的内容就被新字符替换，同时找到下一处查找的内容；如果用户点击"全部替换"按钮，则文本中被选定的范围内的所有匹配的文本将被新的字符串所替换。

Word 2003 还提供了将文本内容替换为某特殊格式的字符，如将文本中的"计算机"替换为"Computer"，同时对新字符串设定绿色、加上下划线的效果，其操作步骤为：

（1）点击打开"编辑"菜单下的"查找"命令项，并点击打开"替换"选项卡。

（2）在"查找内容"中输入需要替换的文本或字符串，本例中输入"计算机"。

（3）在"替换为"处输入替换后的字符"Computer"，单击"高级"按钮。

（4）将光标放于"替换为"文本框中，单击"格式"按钮中的字体命令项，如图 2—11 所示。

（5）在"替换字体"对话框中为文本设置字体格式，将"字体颜色"设置为绿色，并为其加上着重号，设置完后点击"确定"按钮返回到"查找和替换"对话框。

（6）单击"全部替换"按钮，在自动替换选定范围内的文本后，程序将询问是否替换其余部分，选择"否"选项完成替换操作。

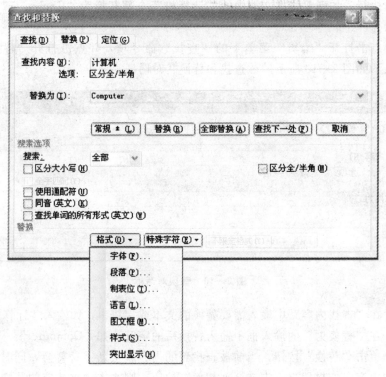

图 2—11   替换格式设置

2.4.5   常用工具的使用

1   拼写和语法错误检查

用户在进行文本录入时，难免会出现一些错误的单词和语法，Word 2003 会对文档中存在的错误进行检查。若文档中存在拼写错误，系统会在错误文字下方以红色的下划线显示，若存在语法错误，则以绿色的下划线提醒用户。此功能即为 Word 2003 提供的拼写和语法错误检查工具，通常，在启动程序以后，该功能自动被打开，其界面如图 2—12 所示。

用户在使用该项功能时，可以根据程序提供的提示对错误进行忽略和修改。

注意：用户输入的某些特定专业术语或词组，有时不能被 Word 2003 识别，可能被当成拼写或语法错误提示给用户。

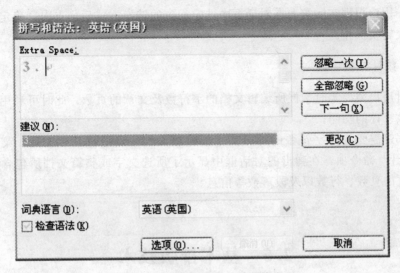

图 2—12　拼写和语法错误检查

2　简、繁体字符切换

如今，中国大陆以及大部分华人地区都使用简体中文字符，但还存在台湾地区以及少部分华人地区还在使用繁体中文，为了使两种中文字体能更好地交流，Word 2003 提供了中文简、繁体字符切换的功能，这使得用户更方便地阅读文档。其进行转换的操作步骤为：

（1）选中需要转换的文本信息。

（2）选择"工具"菜单中的"语言"命令项，在其级联菜单中选择"中文简、繁转换"命令，打开如图 2—13 所示的"中文简、繁转换"对话框。

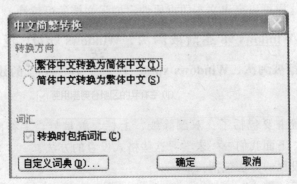

图 2—13　简繁体转换

（3）用户根据实际需要在对话框中选定相应的转换方式后，点击"确定"按钮即可完成转换操作。

3 统计文档字数

有时用户需要实时掌握所编辑文档的字符数及文章的页数，此时可利用程序提供的字数统计的功能。

先选定需要统计字符数的部分文字或整篇文档，点击打开"工具"菜单中的"字数统计"命令项，在弹出的对话框中显示了所选文字或整篇文档所包含的字符数、所占的页数、行数以及段落数等信息。

2.5 基本排版技术

对文档进行一些简单的编辑后，现在我们要正式开始对文章进行排版了，这样才能保证输出的文档更加美观。文档的基本排版包括字符格式设置、段落格式设置以及页面设置等内容。

2.5.1 字符格式设置

所谓字符，包括输入的文字、数字、标点符号和某些特殊符号。在输入文档时，文字会以 Word 2003 默认的字体颜色、大小等显示。用户可以对默认的格式进行修改，以达到特殊的编辑要求，如产生粗体、斜体、上标、下标、字符间距加宽等特殊的效果，这样可以突出文本的重要性，增强文档的可读性。

例： 将"**Windows 98 逐渐被淘汰**、**Windows xp 被广泛接受**"设置为

"~~**Windows 98**~~**逐渐被淘汰**、**Windows xp 被 广   泛   接   受**"的效果。

分析：

例题中的设置主要包括了：双删除线、上标、着重号、字符间距、字体的提升、字体的下降，下面我们一一来学习这些格式设置的方法。

对字符格式设置的方法包括：

方法一：使用"格式"工具栏

"格式"工具栏为用户提供了对字符格式设置的快捷方法，如字形、字体、字

号、字体颜色设置等，如图 2—14 所示。

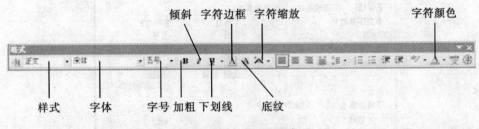

图 2—14 格式工具条

其设置方法为：

（1）选定需要进行字符设置的文档。

（2）根据实际需要，在"格式"工具栏上点击相应的设置按钮即可。

方法二：使用"字体"对话框

使用"格式"工具栏只能对字符进行简单的格式化，当需要进行更多特殊设置时，必须用"字体"命令项，其具体操作步骤为：

（1）选定需要进行字符设置的文档。

（2）选择"格式"菜单下的"字体"命令项（也可以在选定的文字上单击鼠标右键，选择"字体"选项），即可打开"字体"对话框，其中包含"字体"、"字符间距"、"文字效果"三个选项卡。

其中，"字体"选项卡对字体的设置除了包括字体、字形、字号、字体颜色等常规设置外，还可以为字体设置下划线、上标、下标等特殊效果，如图 2—15。

"字符间距"选项卡用来对字符的间距和相对位置等进行设置，如图 2—16 所示。

"文字效果"选项卡，用来对字符设置特殊的动态效果，其中包括"礼花绽放"、"七彩霓虹"等选项，如图 2—17 所示。

（3）用户在相应的选项卡下对字符作设置，选定需要的格式以后，单击"确定"按钮完成设置。

提示：对字符设置后，用户可以马上看到设置的效果，且一次可以同时进行多项设置。

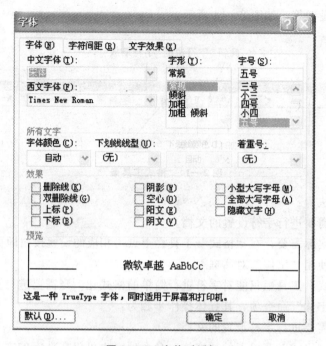

图 2—15　字体对话框

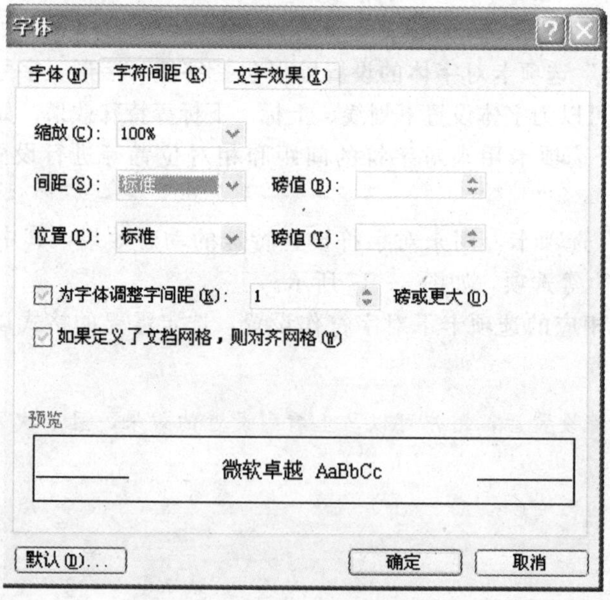

图 2—16　字符间距对话框

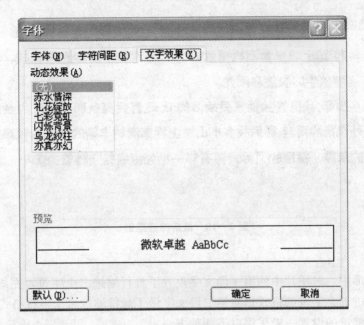

图 2—17　文字效果对话框

2.5.2　段落格式设置

段落是指一个或多个连续主题的句子，当一个段落作为对象进行处理时，它可以被看成是两个硬回车符之间的内容。

1　段落缩进

设置段落格式是指在该段落占用的页面范围内对其整体外观进行调整，其中包括对齐方式、缩进格式、行间距及段间距等不同内容。在 Word 2003 中段落缩进的方式有四种：

（1）首行缩进：段落的第一行向右缩进几个指定字符的空间，通常，设置为首行缩进两个字符。

（2）悬挂缩进：与首行缩进相反，该段落中除第一行外的其他行向右缩进指定字符的空间。

（3）左缩进：段落中所有行在左边距基础上向右缩进一定距离。

（4）右缩进：段落中所有行在右边距基础上向左缩进一定距离。

其缩进的样式如图 2—18。

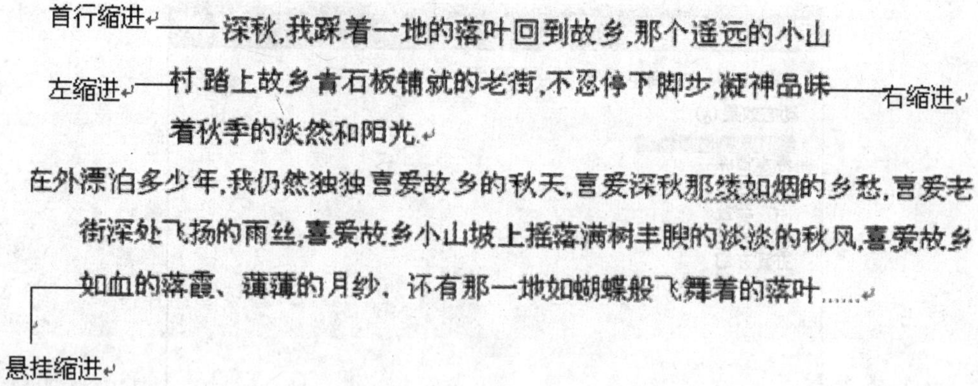

首行缩进
深秋,我踩着一地的落叶回到故乡,那个遥远的小山
左缩进
村.踏上故乡青石板铺就的老街,不忍停下脚步,凝神品味
右缩进
着秋季的淡然和阳光.
在外漂泊多少年,我仍然独独喜爱故乡的秋天,喜爱深秋那缕如烟的乡愁,喜爱老
街深处飞扬的雨丝,喜爱故乡小山坡上摇落满树丰腴的淡淡的秋风,喜爱故乡
如血的落霞、薄薄的月纱，还有那一地如蝴蝶般飞舞着的落叶......
悬挂缩进

图 2—18　段落缩进范例

分析：

在该图形中，对图片中的第一段文字设置了首行缩进二个字符，左缩进三个字符以及右缩进五个字符的格式；对第二段文字做了悬挂缩进二个字符格式的设置。

对段落缩进的设置一般采用以下两种方法：

方法一：用标尺进行设置

在横向标尺上分别设置了四个不同的缩进按钮，如图 2—19 所示。当需要对某个段落设置缩进方式时，在选定要设置的段落后，直接拖动标尺上相对应的缩进按钮即可。若需要精确缩进，在拖动的同时按下 Alt 键，标尺栏上会显示精确的位置数据。

悬挂缩进
首行缩进
2
2
4
6
8
10
12
14
16
18
20
22
左缩进
右缩进

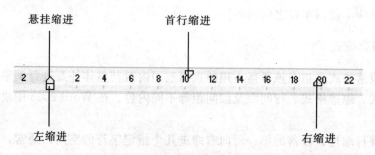

图 2—19　段落缩进按钮

方法二：使用“段落”对话框设置

有时对段落设置精确的缩进格式时，用标尺上的缩进按钮难以控制，此时可以用“段落”对话框进行设置，其具体操作步骤为：

(1) 选定需要设置的段落。

（2）选择"格式"菜单下的"段落"命令项（也可以在选定的段落上单击鼠标右键，选择"段落"选项），即可打开如图 2—20 所示的"段落"对话框。

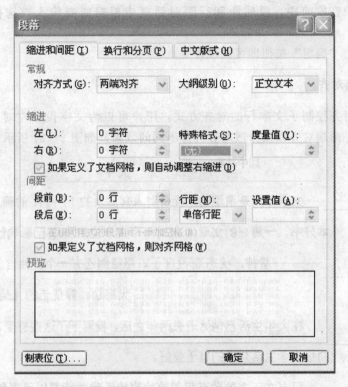

图 2—20　段落缩进对话框

（3）四种不同的缩进格式分别在"缩进"中的"左"、"右"和"特殊格式"中进行设置，用户在相应的缩进对话框中选择或输入确切的缩进度量值后，点击"确定"按钮完成设置。

注意：用户可以根据实际需要更改缩进对话框中的度量单位，如可以更改为厘米、毫米、英寸、字符、磅等单位。

2　间距设置

段落的间距分段间距和行间距两类，其中段间距指本段落与相邻段落之间的距离，行间距指该段内行与行之间的距离。Word 2003 中，默认段间距为 0 行，行距为单倍行距，用户可以根据实际需要对其进行更改与调整，其设置方法为：

（1）选定需要进行间距设置的段落。

（2）点击打开"格式"菜单下的"段落"命令项，将打开如图 2—20 所示的"段落"对话框。

（3）用户在段前距、段后距和行距对话框中根据需要输入或选择相应的间距值。

（4）单击"确定"按钮即可完成设置。

3 段落对齐

段落的对齐控制了文本行的对齐方式，用户可以为文字设置左对齐、居中对齐、右对齐、两端对齐以及分散对齐五种不同的效果，如图 2—21 所示。

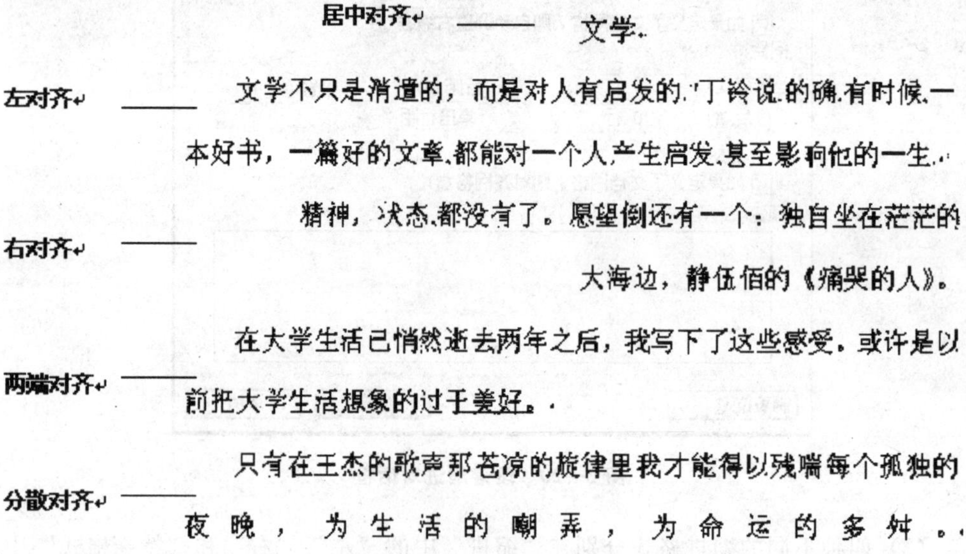

图 2—21　段落对齐范例

左对齐：将段落中的所有行都靠左页边距排列；

居中对齐：将段落中的每行都对齐到左右边距的中心位置，常用于设置标题的对齐方式；

右对齐：将段落中的所有行都靠右页边距排列，通常西式信件右上角的日期与地址采用这种对齐方式；

两端对齐：根据左右两边页边距，程序自动地调整每行字符的字距；

分散对齐：增大行内字符间距，使文字恰好从左边距排列到右边距。

段落对齐方式的设置通常也采用两种方法：通过"格式"工具栏和"段落"对话框设置，其设置方法与段落的间距设置方法基本相同，具体方法请读者自行研究。

注意： 对某个段落进行"段落"格式设置时，并不一定要选中整个段落，只需要将插入符置于该段落中的任意位置，或者选定该段落中的任意字符信息即可。

2.5.3　页面设置

页面设置是排版中非常重要的一项，页面的设置效果将直接决定文档的整体外观。页面设置主要包括纸型、行号、网格和页面边距等内容。

用户可以单击"文件"菜单下的"页面设置"命令，打开页面设置的设置对话框，它包括四个选项卡，如图 2—22 所示。

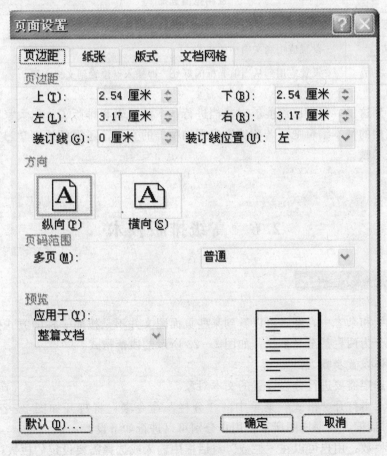

图 2—22　页面设置

（1）"页边距"：主要设置上、下、左、右边距，装订线以及页眉与页脚的位置。

（2）"纸张"：可以设置系统提供的各种纸张类型，也可以自己定义页面的具体高度、宽度以及纸张的方向，程序默认纸张方向为纵向。

（3）"版式"：主要设置节的起始位置，页眉和页脚的首页不同或奇、偶页不同，垂直对齐方式和行号等。

（4）"文档网格"可以设置网格的类型及在文档中出现的范围、文字的排列方向等。

在以上对话框中的"应用于"下拉列表框中，选择所设置效果的应用范围，选择不同将出现不同的效果，具体如表 2—1 所示。

表 2—1   应用范围选择

应用范围	解　释
整篇文档	设置应用到文档中的各节
插入点之后	设置应用到从当前光标闪烁处，即插入点位置到文档末尾

学习到这里，我们已经能够对文档进行基本的编辑和排版了，但大家不会仅仅满足于文档的基本编辑吧，若要编辑出更加精美的文档，还需要认真学习下面的高级排版技术哦。

2.6 　高级排版技术

2.6.1　分栏设置

在报纸和杂志中，经常可以看到某些页面图文并不是按照一栏的方式排列，其排列可能分为两栏甚至是多栏，如图 2—23 所示的段落格式。

其具体设置步骤为：

（1）选定需要进行分栏设置的文本对象。

（2）点击打开"格式"菜单中的"分栏"命令项，将打开如图 2—24 所示的"分栏"对话框，根据该图所示，用户分别可以进行如下设置：

确定栏数：用户可以在"栏数"对话框中输入或选择需要设定的栏数；

设置不定栏宽：程序默认所设置的所有栏的栏宽相等，若用户需要更改设置，

　　文学不只是消遣的，而是对人有启发的."丁铃如是说.的确.有时候.一本好书，一篇好的文章.哪怕是一首小诗.都能对一个人产生启发.甚至影响他的一生。

精神，状态.都没有了。愿望倒还有一个：独自坐在茫茫的大海边，让海风吹拂着脸面，让海浪冲洗只脚丫，静听任贤齐的《天涯》，听伍佰的《痛哭的人》。	在大学生活已悄然逝去两年之后，我写下了这些感受。在王杰的歌声那苍凉的旋律里我才能得以残喘每个孤独的夜晚.也只有伍佰那沙哑的歌声伴我入睡.我几度悲伤哭泣.为生活的嘲弄，为命运的多舛。

图 2—23　段落分栏范例

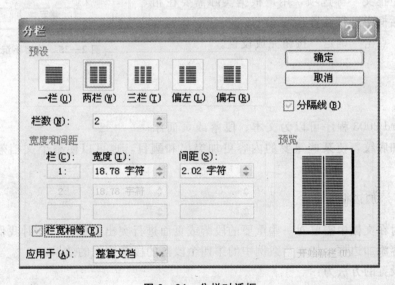

图 2—24　分栏对话框

需去掉"栏宽相等"单选框中的"√"标记，然后根据实际需要选择或设置每栏的具体字符数；

设置分隔线：选中"分隔线"单选项，可以在栏与栏之间设置纵向分隔线。

（3）确定所进行的分栏设置的应用范围。

（4）点击"确定"按钮完成设置。

2.6.2 首字下沉设置

为了增强文字的可读性，常常将文章的第一个字或字母放大倍数显示，如本章案例中的首段文字的"深"字符样式就是首字下沉格式。设置首字下沉的操作步骤为：

（1）将插入符置于要设定首字下沉的段落中。

（2）点击打开"格式"菜单下的"首字下沉"命令项，打开"首字下沉"对话框，如图 2—25 所示。

用户可以在该对话框中设置字符下沉的具体格式，其中包括：下沉字符的字体选择，下沉行数的确定以及用于对下沉字符与段落正文设置间距的"距正文"等选项，用户根据实际需要在相应的对话框中进行设置。

（3）点击"确定"按钮完成设置。

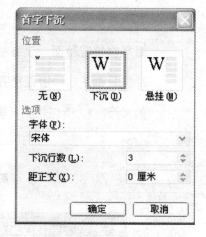

图 2—25 首字下沉设置

2.6.3 边框和底纹设置

Word 2003 程序可以为文本、段落或页面添加边框和底纹，使某些重要的内容更加突出和醒目，也可以使整个文档效果更加美观。

1 添加边框

有时在文档中需要对一些重要的段落或页面进行突出的标注，此时我们可以为这些内容添加边框，如本章案例中的第四个段落的段落边框的效果。

其设置的方法为：

（1）选取需要添加边框的文字、段落或页面。

（2）点击打开"格式"菜单下的"边框和底纹"命令项，在弹出的"边框和底纹"对话框中选取"边框"选项卡，如图 2—26。

（3）根据实际需要，分别对边框的类型、线型、边框的颜色及宽度进行适当的

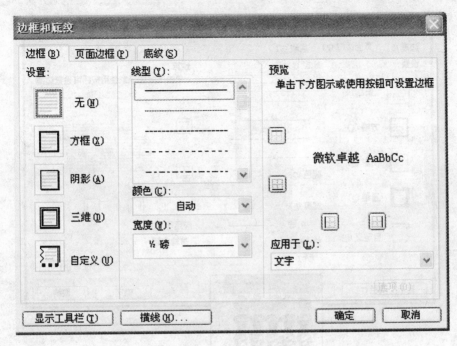

图 2—26　边框选项卡

设置。其中：边框类型提供了方框、阴影以及无边框效果等种类。线型即为边框线段的样式，如点线、虚线、双实线、波浪线等线型。

(4) 在"应用范围"选项中根据需要选择"文字"和"段落"中的一种。

(5) 点击"确定"按钮完成设置。

注意：在选择应用范围时，若选定的是"文字"，则在选定的文字四周添加封闭的边框，若选中的对象为多行信息，则给每行文字添加单独边框；若应用范围为"段落"，则给选定的文字所在的整个段落添加一整个边框。

2　添加页面边框

(1) 选取需要进行页面边框设置的文字或段落。

(2) 同以上方法打开"边框和底纹"设置对话框，点击打开"页面边框"选项卡，如图 2—27。

(3) 根据实际需要对页面边框的类型、颜色等进行设置，其中还可以为文档设置较精美的"艺术型"边框。

(4) 根据需要在"应用范围"中进行选定设置。

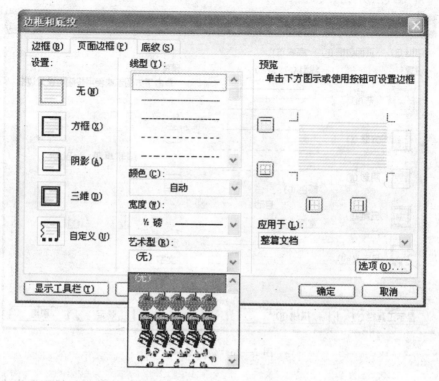

图 2—27　页面边框选项卡

（5）点击"确定"按钮完成设置。

注意：若要取消已经设置的页面边框，只需选定该页面后，在图 2—27 所示的"设置"区域点击"无"即可。

3 设置底纹

在 Word 2003 程序中，用户可以为文字、段落及表格信息设置底纹。通常，使用底纹的情形有：简报中首页标题部分欲凸显的主题、表格中一些重要的数据等信息。底纹设置的操作步骤如下：

（1）选取需要进行底纹设置的文字、表格或其他对象。

（2）同以上方法打开"边框和底纹"设置对话框，点击打开"底纹"选项卡，如图 2—28。

（3）在"样式"列表框中显示了 5％～95％灰度底纹和包括空白在内的各种填充图样，用户可以在该列表中选择底纹的类型和样式。

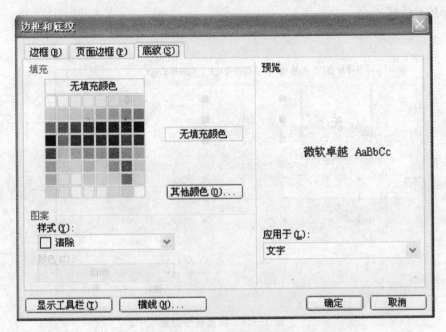

图 2—28　底纹选项卡

（4）在"填充"列表中选取底纹的颜色。

（5）根据实际需要在"应用于"对话框中选择需要设置的对象。

（6）当用户在"预览"框中看到满意的底纹设置效果后，点击"确定"按钮完成设置。

注意： 在"边框和底纹"对话框中有一个"显示工具栏"按钮，单击该按钮将在 Word 2003 编辑区显示"表格和边框"的工具栏。

大家可以比较一下，经过边框和底纹设置的文档，在整体效果上是否比原先的文档有了很大的提高啊！

2.6.4　项目符号和编号设置

在文档的编辑过程中，我们经常会用到一些同类形式的文档段落，它们相互之间关系并列，不分主次。为了更清晰地表示这些段落的并列关系，可以使用 Word 2003 提供的项目符号列表，为这些段落设置统一的项目符号，其具体设置方法为：

（1）选中需要进行项目符号设置的段落或文本。

（2）点击打开"格式"菜单中的"项目符号和编号"命令项，将显示如图 2—29

所示的对话框。

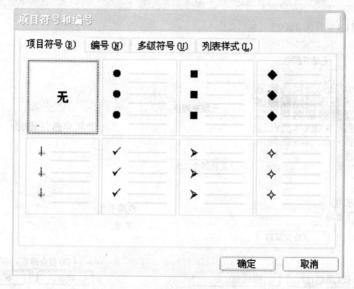

图 2—29　项目符号设置

（3）在该对话框中列举了许多不同样式的项目符号，我们可以在其中选择一种满足要求的符号样式。

（4）单击"确定"按钮完成设置。

注意： 用户可以在该对话框中点击打开"自定义"按钮，可以对项目符号的样式、字符字体进行设置，还可以将磁盘中已存在的某图片设置为项目符号。

2.6.5　页眉、页脚设置

在文档编辑中，有时候可能编辑的整个文档中的每个页面都需要包含某些信息，如页码、日期或公司会标等文字或图形。我们可以将这些在每个或多数页面都要显示的信息设置在页眉或页脚中，在文档中可以为所有页面设置统一的页眉或页脚，也可以在文档的不同部分使用不同的页眉或页脚，例如为首页或奇、偶页设置不同的页眉或页脚样式。

页眉、页脚的具体设置方法为：

（1）点击打开当前页面"视图"菜单下的"页眉和页脚"命令项目，此时屏幕上将弹出"页眉和页脚"工具条，且在当前文档中出现一个页眉编辑区，如图 2—30所示。

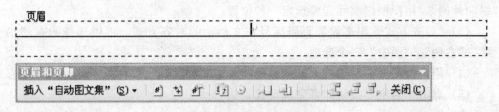

图 2—30　页眉/页脚设置

　　（2）在编辑区中输入作为页眉和页脚的具体信息。

　　（3）有时需要在页眉或页脚中插入如页码、文件名等特殊信息，此时请点击"页眉和页脚"工具条上的"插入自动图文集"按钮，用户可以在下拉框中选择插入的具体内容。

　　（4）当页眉设置完成后，若要继续页脚设置，需点击工具条上的"在页眉和页脚间切换"的按钮，以切换到页脚区域，用相同的方法对页脚的内容进行设置。

　　（5）设置完毕后，点击工具条上的关闭按钮即可完成设置。

　　当用户需要对页眉和页脚进行修改或删除操作时，可以按如下方法进行：

　　（1）在页眉或页脚区域双击鼠标，激活对页眉和页脚的编辑。

　　（2）当需要进行修改时，用户可以选定以前设置的内容，用 BackSpace 键删除后，再输入新的页眉和页脚信息。

　　（3）当需要删除整个页眉和页脚时，选中设置的内容后，按下 Delete 键即可。

　　注意：用以上方法只能为文档的所有页面设置相同的页眉和页脚，当需要首页或奇、偶页具有不同的页眉或页脚时，在进行页眉或页脚设置之前，需在"页面设置"的"版式"选项卡中简单设置一下。

2.6.6　页码设置

　　文档页码的设定是文档处理中常见的操作，其用来标明某页在文档中的相对位置，其设置方法有两种：一种出现在页眉或页脚区域，即在页眉或页脚中插入页码信息，上部分内容已作了介绍，在此不再重复；另一种为在文档中任意的单独区域插入页码信息，其具体操作方法为：

　　（1）点击打开"插入"菜单下的"页码"命令项，将弹出如图 2—31 所示的"页码"设置对话框。

　　（2）在对话框的"位置"下拉对话框中选择页码插入的位置，程序共提供了 5 个不同的选项，分别为"页面顶端"、"页面底端"、"页面纵向中心"、"纵向内侧"、

"纵向外侧"，用户根据实际需要选定一种位置。

（3）"对齐方式"用来设置页码标号在文档中的对齐方式，可供选择的有"左侧"、"右侧"、"居中"三个选项。

（4）用户根据需要对"首页显示页码"单选框设置。

（5）点击"确定"按钮即可完成设置。

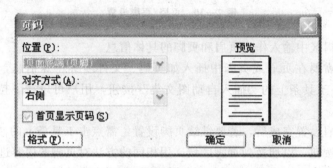

图 2—31 页码设置

注意： 只有在页面视图模式下才能显示设置的页码信息。

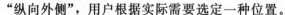
2.6.7 格式刷的使用

大家会注意到，在我们进行文档编辑时，有时因为一些特殊需求，需要为多处不连续的字符设置相同的格式，若按照常规方法，则需对这些字符进行重复的格式设置，但是这样操作，既浪费时间也容易出错。此时，Word 2003 的人性化特征得到了充分的体现，它为用户提供了"格式刷"这一工具，它可以轻松地将源字符的字符格式或段落格式应用于目的字符中，这为我们节省了大量的编辑时间，其操作步骤为：

（1）先选定已经做好格式设置的字符串，即源字符串。

（2）点击"格式"工具栏上的格式刷 按钮。

（3）将插入点置于需要做字符格式设置的字符串的起始位置，按下鼠标左键不放，让刷子形状的鼠标经过需要设置格式的所有字符，在字符串的终止位置松开鼠标，此时鼠标指针会还原到一般状态。

经过刷子"刷"过以后，我们会观察到鼠标经过区域的字符串的格式与源字符串一样，包括字体、颜色、大小、字符间距和文字效果等。

提示： 当需要连续多次用到"格式刷"工具时，只需选中源字符串后，双击按钮，此时用户可以连续进行多次设置，将所有的字符设置完毕后，再单击"格式刷"图标即可。

2.6.8　样式的使用

用户利用"格式刷"工具将做好设置的字符串的格式运用到其他字符串，同样，利用"样式"功能可以方便地将源段落的段落格式运用到其他段落，包括段落的对齐方式、行间距、边框等格式。因此，样式在 Word 2003 中得到了广泛的应用，其具体操作步骤为：

（1）选中已经做好字符和段落格式设置的某段落。

（2）点击打开"格式"菜单下的"格式和样式"命令项，此时会弹出如图 2—32 所示的任务窗格，Word 2003 会根据用户选定的段落选择样式的名称。

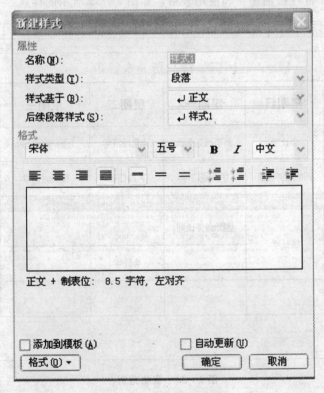

图 2—32　新建样式对话框

（3）在样式列表框中删除被选定的样式名，然后输入新的样式名或在现存样式名的名称框中输入新建样式的名字。

（4）选中要做段落格式设置的一个或多个段落后，点击打开"格式"菜单下的"格式和样式"命令项，在打开的任务窗格中选择刚才用户输入的样式名称，点击"应用"按钮即可。

运用"样式"功能后，我们就不需要重复地为一些段落做相同的格式设置了。

2.7 表格制作

表格是一种简明扼要的信息表达方式，使用表格组织信息时，可以使文档的内容浏览起来更加清晰，具有格式化的效果。Word 2003 提供了强大的表格编排功能，用户可以非常轻松地建立和使用表格，如图 2—33 所示的样式。

周数	1	2	3	4	5	6	7	8	9	10	11	12	13	14	15	16	17	18	19	20	
项目	上课																		复考	放假	

国际经济与贸易本科班

星期 课程 节次	星期日	星期一	星期二	星期三	星期四
1~2	会计学	剑桥商务英语	计量经济学	国际商务谈判	
3~4	剑桥商务英语	国际经济学	英语口语	国际经济学	计量经济学
5~6	统计学	国际商务谈判			外贸商检
7~8			会计学		
9~10					
备注：					

图 2—33 表格范例

该表格中对文字信息进行了如下的格式设置：

- 建立了高度和宽度不等的单元格，如第一行、第二行、第四行；

● 为单元格中的文字设置了对齐方式，如居中对齐和左对齐格式；
● 为表格的第七行设置了底纹填充效果；
● 为表格的第四行绘制了斜线表头。
本节将详细介绍表格的制作和编辑。

2.7.1　表格的创建

Word 2003 提供了轻松创建表格的方法，就像输入文字一样自如。常用的创建表格的方法有以下两种：

方法一：使用"插入表格"对话框创建

（1）点击打开"表格"菜单后，选择"插入"命令下的"表格"命令项，将打开如图 2—34 所示的对话框。

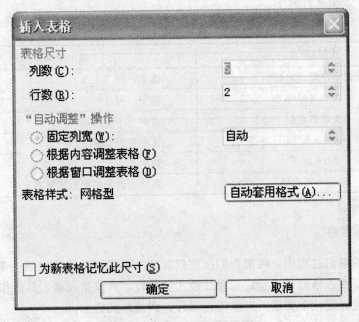

图 2—34　插入表格对话框

（2）用户根据需要在"列数"和"行数"对话框中输入或选择插入表格的具体列数和行数。

（3）点击"确定"按钮即可将设定的表格插入到插入符所在的位置。

方法二：使用自由绘制方式绘制表格

绘制表格之前，先打开"表格和边框"工具条，单击工具条上的"绘制表格"

按钮 ，鼠标指针变成 状，此时用户就可以根据需要自主绘制特定表格了。

提示： 当所需绘制的表格包含较多行和列时，一般采用第一种方法绘制；当所需行、列数较少或需要绘制某些特殊样式的表格时，一般采用第二种方法比较方便。

2.7.2 表格的基本操作

表格的基本操作包括：表格的选取、插入、删除、合并和拆分等内容。

1 选取单元格

在对 word 文档进行编辑时，首先需要将设置的文本内容选中，表格也不例外。对表格的选取包含：单个单元格、多个单元格、整行、整列、整张表格，分别可以通过表 2—2 方法进行选中。

表 2—2　　　　　　　　　　　　　表格选定

按键/单击	选中对象
在表格左侧选定栏中	选中一行
在表格顶部	选中一列
在表格左侧	选中一个单元格
Alt＋NumLock（off）＋5	选中整张表格
Alt＋单击	选中一列
Shift＋方向键	将所选内容扩展到相邻单元格

2 插入表格

在表格的编辑过程中，可能我们会突然发现已编辑好的表格中缺少某些数据内容，此时需要在表格的某个特定位置处插入新的行、列或单元格，其操作方法为：

（1）将光标定位于要插入对象的相邻行、列或单元格中。

（2）点击打开"表格"菜单下的"插入"命令，打开级联菜单。

（3）用户根据需要在打开的菜单中选中要插入的具体对象和位置，如"行（在上方）"、"列（在左侧）"等选项。

提示： 将光标定位到当前表格的末尾处，按下 Tab 键，可在当前表格的最后一行后插入新的一行。

3　删除单元格

有时要对表格中的某些信息进行删除操作，其具体包括：

删除整张表格时，可在选定整张表格后，单击鼠标右键，点击"剪切"命令项即可完成删除操作。

删除表格中的整行、整列或单元格时，先选定待删除的行、列或单元格，再点击打开"表格"菜单下的"删除"命令项，在打开的级联菜单中选择要删除的行、列或单元格选项。当选择的为删除单元格时，将打开如图 2—35 所示的"删除单元格"对话框，其包括下列选项：

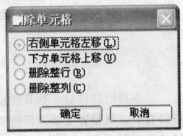

图 2—35　删除单元格

右侧单元格左移：删除选定的单元格并将剩下的单元格左移。

下方单元格上移：删除选定的单元格并将剩下的单元格上移。

整行删除：删除选定单元格所在的行。

整列删除：删除选定单元格所在的列。

用户根据实际需要选定一种删除方式后，单击"确定"按钮即可。

4　合并、拆分单元格

在制表时，往往要求一个有"不规则"行列格式的表格，除非以"自由表格"工具栏徒手绘制才能立即得到这样的效果。因此，我们需要掌握对表格进行单元格的合并和拆分操作。

合并单元格

合并单元格后，Word 2003 将表格的某一行或一列的若干个单元格合并为一个单元格，大单元格的宽度等于几个单元格的宽度之和，高度等于原来几个单元格高度之和。合并单元格的操作步骤为：

（1）选取欲合并的相邻单元格。

（2）选择"表格"菜单中的"合并单元格"命令，或点击"表格和边框"工具条上的"合并单元格"按钮，则被选定的表格将合并为一个大的单元格。在合并后的单元格中，原来各单元格的内容变成多个段落显示，但各自保持其自身格式。

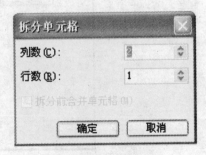

图 2—36　拆分单元格

拆分单元格

如要将已合并的单元格恢复原状，则需对单元格进行拆分，其操作步骤为：

（1）将插入点置于欲拆分的单元格内，或选取已合并的单元格。

（2）选择"表格"菜单中的"拆分单元格"命令，或点击"表格和边框"工具条上的"拆分单元格"按钮，屏幕将显示"拆分单元格"对话框，如图 2—36 所示，用户只需在"列数"和"行数"输入框中输入或选择要拆分的列数和行数即可。

2.7.3　表格设置

当表格绘制以后，其具体格式不一定能满足用户需求，此时需对表格的格式进行设置。表格设置主要包括行宽、列高的调整，绘制特殊格式的表头以及边框和底纹的设置等内容。

1　行高、列宽的调整

行高和列宽是表格中的核心要素，它们将决定该表格带给读者的第一感觉，调整表格的行高和列宽将有助于提高其整体效果。其操作方法为：

（1）将光标置于需要调整行高或列宽的表格中。

（2）选择"表格"菜单中的"表格属性"命令项，打开表格属性对话框。

（3）在该对话框中点击"行"标签，打开如图 2—37 所示的"行"选项卡。

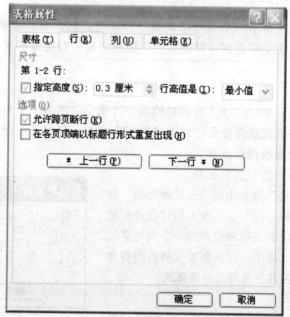

图 2—37　表格属性设置

（4）在该选项卡的"尺寸"选项中，选定"指定高度"单选框，并在其后的微调框中输入或选择当前行需要设置的精确高度值。然后单击"上一行"或"下一行"按钮对其他行高进行设置。

（5）点击"确定"按钮完成设置。

列宽设置位置在"表格属性"对话框中的"列"选项卡中，具体设置方法与行高设置相同，在此不再赘述。

2 斜线表头的绘制

所谓表头，就是表格最前面用来对表格各部分内容的含义进行说明的一行或数行表格。如图 2—33 中第四行第一个单元格中的格式设置，斜线表头可以使表格各部分所展示的内容更加清晰明了。绘制斜线表头时，用户可以根据需要选取不同样式，其具体方法为：

（1）将光标置于需要绘制表头的表格中。

（2）点击打开"表格"菜单下的"绘制斜线表头"命令，将显示如图 2—38 所示的"插入斜线表头"对话框。

（3）Word 2003 在"表头样式"中提供了 5 种不同的样式，用户根据整个表格的具体内容选定一种样式。

（4）在"行标题"、"列标题"、"数据标题"等文本框中输入需要显示在表头中的标题，并可对输入的字体更改大小。

（5）点击"确定"按钮，被选定样式的表头将插入到表格中。

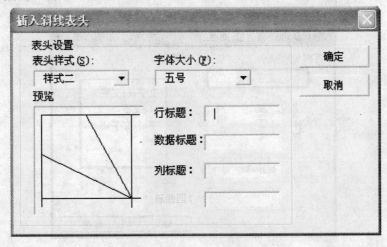

图 2—38　插入斜线表头

3 表格的边框及底纹设置

给表格添加边框与底纹可以修饰和突出表格中的内容，可以按照以下方法操作：选中整个表格或某个需要添加边框和底纹的单元格，再点击打开"格式"菜单下的"边框和底纹"命令，在打开的对话框中对边框的线型、颜色、宽度以及底纹的图案样式等进行设置。

注意：与前面讲解的文档边框设置不同的是，表格边框包括有外边框和内边框，而文本内容只有外边框。

2.7.4 表格中数据格式设置

表格中的内容也可以像普通 Word 文档一样设置各种样式的对齐方式，从而使表格的内容更加清晰。

1 更改文字的排列方向

表格中文字的排列分为横向和纵向两种排列方式，用户根据表格排列的实际需要在两种方式间转换，其操作步骤为：

（1）选中需要设置排列方向的行、列、单元格。

（2）点击打开"格式"菜单下的"文字方向"命令，将打开如图 2—39 所示的"文字方向"对话框。

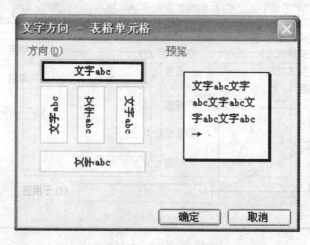

图 2—39　文字方向设置

（3）用户根据需要选定一种文字排列方向后，单击"确定"按钮即可。

2 设置文字的对齐方式

有时需要根据整张表格的布局安排单元格中文字的对齐方式，这样使整张表格的布局匀称、合理。

（1）选中需要设置排列方向的行、列、单元格。

（2）单击鼠标右键，在弹出的菜单中选择"单元格对齐方式"命令项，打开其级联菜单，在该菜单中综合了水平对齐和垂直对齐的 9 种不同的对齐方式，用户直接选定任意一种合适的样式即可。

2.7.5　表格和文本的转换

表格和文本具有各自的特色，在文档中有时信息需要以表格形式显示，有时相同的信息可能又要以文本形式显示，这就要求在 Word 文档中实现表格与文本之间的转换，其具体操作方法为：

1 文本转换为表格

（1）选中欲转换为表格的文本。

（2）点击打开"表格"菜单下的"转换"中的"将文字转换为表格"命令，打开如图 2—40 所示的将文字转换成表格对话框。

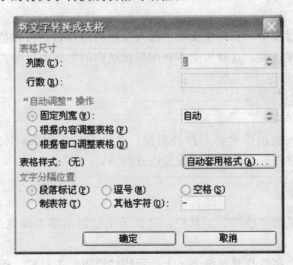

图 2—40　文字转换为表格

（3）在"表格尺寸"命令的"行数"和"列数"中选择或输入生成的表格所需的行和列数，也可以采用系统默认的参数值。

（4）根据实际需要在"自动调整操作"中对相应选项进行调整和修改。

（5）在"文字分隔位置"中选定一种作为将文本转换为表格的分隔符标志后，点击"确定"按钮完成操作。

2 表格转换为文本

相反，有时候需将已经存在的表格中的信息以文本样式表现出来，这样就要将表格转换为文本：

（1）选中欲转换的表格。

（2）点击打开"表格"菜单下的"转换"中的"将表格转换为文本"命令，打开如图 2—41 所示的"将表格转换成文本"对话框。

（3）在"文字分隔符"选项组中，选择一种字符作为表格转换成文本信息后的分隔符。

（4）点击"确定"按钮完成操作。

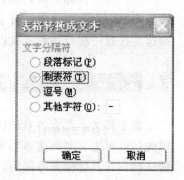

图 2—41　表格转换为文本

2.8　图形编辑

在文本编辑过程中，有时在文档中插入合适的图片后，可以使版面更加生动活泼，提高文档的可读性，这种由文本和图形相结合的文档称为图文混排文档。

2.8.1　图形插入

在文档中插入的图形主要有四种类型：自绘图形、Office 2003 系统中的剪帖画、艺术字和某些图形文件，其插入方法分别为：

1 自绘图形

利用程序提供的"绘图"工具栏，可以手动绘制出很多漂亮的图形，如星形、旗帜等。

通过"视图"菜单打开如图 2—42 所示的"绘图"工具栏，用户可以利用该工具栏进行以下典型操作：

绘图(D) ▾　　自选图形(U) ▾　＼　＼　□　○　　　　　　　　　　　定位　　　　　▾　A ▾　≡　≡　≡　□　□

图 2—42　绘图工具条

绘制简单直线和射线；单击或拖动鼠标绘制矩形或椭圆，若需要绘制圆或正方形时，在绘制椭圆或矩形的同时按下 Shift 键即可。

在"自选图形"按钮下选择某些由程序提供的特殊图形，如流程图、星形。

图形插入以后，可以对其进行如下的典型操作：

● 设置图形颜色

选中插入的图形后，单击"绘图"工具栏上的"线条颜色"按钮，对其线条颜色进行设置；单击"填充颜色"按钮，对图形内部的填充颜色进行设置。

● 设置阴影和三维效果

还可以为图形设置特殊的阴影和三维效果，需选中该图片后，点击工具栏上的相应的按钮进行设置，其设置效果可以如图 2—43 所示。

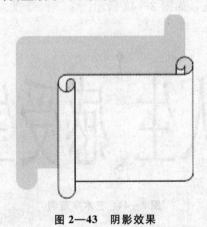

图 2—43　阴影效果

● 在图形中添加文字

有时需要在自绘图形中添加少量的文字，这样可以使图形的主题更鲜明。在选中该图形以后，在右键菜单中选择"添加文字"选项，此时可以在该图形内部的编辑框中输入所需的文字，并可以对这些文字做一般的格式设置。

● 组合图形和取消组合

用户插入的都是单个的图形个体，如一条直线或一个圆，此时可以把多个个体图形组合成一个大的整体。在单击选定第一个图形以后，按下 shift 键，再单击选定其他所有要组合的个体图形，然后点击右键选定"组合"命令，这样多个独立的图形就组合成了一个整体，此时对图形的移动、缩放的操作对象就是这个组合后的图形整体。

也可以对组合过的图形整体进行取消，只需要在选定该整体图形以后，在右键中的"组合"命令下选中"取消组合"即可。

2 剪贴画

Word 2003 程序提供了大量的幽默、卡通类型的剪贴画，用户可以直接将其插入到文档中。将插入符定位到需要插入剪贴画的位置后，打开"插入"菜单，选择"图片"子菜单下的"剪贴画"命令项，程序将打开"插入剪贴画"对话框。在提供的剪贴画类别中选定所需的样式后，双击该剪贴画图标，则被选中的剪贴画就插入到了指定位置。

3 艺术字

Word 2003 提供了一种特殊的图形效果，即艺术字，有时在文档中插入艺术字，可以对文档进行美化，如图 2—44 所示。

图 2—44　艺术字范例

（1）将插入符定位到要插入艺术字的位置。

（2）打开"插入"菜单，选择"图片"子菜单下的"艺术字"命令项，程序将显示如图 2—45 所示的"艺术字库"对话框。

（3）用户在字库中选定一种艺术字样式后，单击"确定"按钮，在打开的艺术字编辑框中输入文字的内容，输入完毕后点击"确定"按钮即可。

用户也可以对插入的艺术字进行格式设置，单击插入的艺术字后，界面上会显示如图 2—46 所示的艺术字设置工具条，其中包括艺术字形状、颜色、文字环绕等设置项目。

图 2—45　艺术字库

图 2—46　艺术字设置工具条

4 图形文件

我们在文档中也可以插入用户已经定义好的某一个特定的图形文件，如风景图片、公司标志或个人照片等，我们可以按照以下方法操作：

（1）将插入符定位到要插入图片的位置。

（2）打开"插入"菜单，选择"图片"子菜单下的"来自文件"命令项，系统将弹出"插入图片"对话框，如图 2—47 所示。

（3）在"查找范围"下拉列表框中选定磁盘中已经存在的某一张图片后，单击"插入"按钮即可。

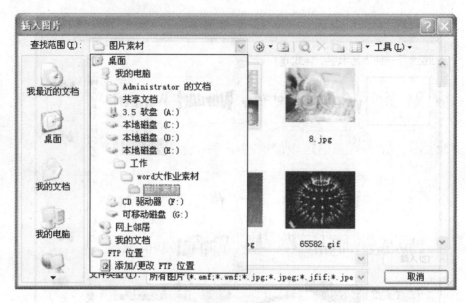

图 2—47　插入图片

2.8.2　文本框插入

文本框是一种可以移动、可以调整大小的文字或图形的容器，使用文本框可以在一页上放置数个文字块，或使文字按与文档中其他文字不同的方向排列。文本框有横排和竖排两种，分别可用于放置横排和竖排的文本。插入文本框的步骤如下：

（1）选择"插入"菜单下的"文本框"中的"横排"或"竖排"命令项。

（2）在文档中需要插入文本框的位置单击或拖动鼠标。当插入文本框时，会在周围显示绘图画布。

（3）插入文本框以后，就可以在其中输入文本或进行图形插入了。

2.8.3　图片与文本的混合编排

在图片和艺术字插入后，一般要经过编辑才能达到较好的效果，如进行大小处理、位置的调整以及明暗度的调节，这样处理后将使文档更加美观。

1　大小

单击所要调整大小的图片，则图片周围会出现 8 个控制点。拖动控制点可以随意改变图片的大小。

也可以在选定图片后，右键选择"设置图片格式"菜单，在弹出的对话框中选择"大小"选项卡。在该对话框的"尺寸和旋转"选项区域中的"高度"和"宽度"文本框中选择或输入为图片设置的具体尺寸值。

2 位置

有时图片或文本框插入的具体位置可能不能满足用户需求，此时需要对其位置进行调节。选中要调节位置的图片或文本框后，拖动鼠标可以任意调整其位置。

3 环绕

用户插入的图形和已经存在于文档中的文字有一种相对的位置关系，程序提供的默认位置是图形浮于文字上方，用户也可以对其进行修改。

选中该图片以后，选择右键菜单的"设置图片格式"对话框下的"版式"选项卡，如图 2—48 所示。

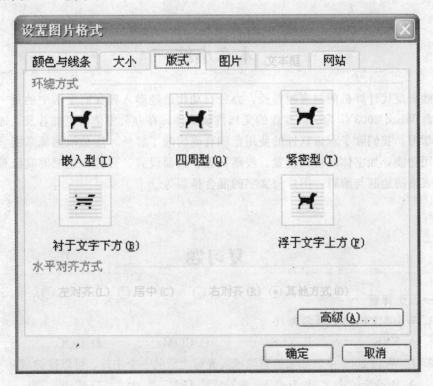

图 2—48　设置图片格式

在"环绕方式"选项区域中，用户可以根据需要在多种环绕方式中选择，如嵌入型、四周型、紧密型、浮于文字上方和衬于文字下方，选定一种版式后，单击"确定"按钮即可。如本章案例中图片与文字的相对位置关系即为"四周型"版式。

4 图片上添加文字

若需在用户插入的图片上添加文字，采用的方法是将某一横排或竖排文本框插入到图片上，该文本框的插入方法和普通插入方法完全相同，然后对该文本框进行设置。若要求插入的文本框和图片的内容不相互影响，则需要选中该文本框后，选择右键菜单中的"设置文本框格式"命令，在弹出的对话框中打开"颜色和线条"选项卡，将其填充颜色和线条颜色都设置为"无"即可。

当我们在文档中插入不同类型的图片和艺术字，并根据文字的布局对页面中的内容进行混合排版后，此时文档的整体效果会有很大的提升，对于本部分的编辑工作，希望用户能认真掌握。

本章小结

随着现代计算机的越来越普及，办公自动化已经渗入到我们生活中的每一个角落。而 Word 2003 作为一款专业的文档排版软件，在办公中使用更加普及。通过本章的学习，我们除了对该软件的使用范围有确切的了解外，还必须熟练掌握该软件的常用功能，如字体的格式设置、段落设置、页面设置，分栏、边框等高级排版技术，表格的绘制与编辑，图片与文字的混合排版等。

复习题

一、选择题

1. Word 文档的扩展名为（　　）。
   A. EXE　　　　　B. XLS　　　　　C. COM　　　　　D. DOC
2. 在 Word 2003 中，如果想删除插入光标之后的一个字符，可以按键（　　）。
   A. BackSpace　　B. Ins　　　　　C. Del　　　　　D. Tab
3. Word 2003 的查找和替换功能十分强大，不属于其中之一的是（　　）。

A. 能够查找文本和替换文本中的格式

B. 能够查找图形对象

C. 能够查找和替换带格式及样式的文本

D. 能够用通配符进行复杂的查找

4. 下列有关 Word 2003 格式刷的叙述中，（　　）是正确的。

A. 格式刷只能复制纯文本的内容

B. 格式刷只能复制字体格式

C. 格式刷只能复制段落格式

D. 格式刷既能复制字体格式，也能复制段落格式

5. 在 Word 2003 中，（　　）用来显示有关选项、工具按钮以及正在进行的操作或插入点所在位置等信息。

A. 状态栏　　　　B. 标题栏　　　　C. 菜单栏　　　　D. 工具栏

6. 在 Word 2003 中，设定打印纸张的打印方向，应当使用的命令是（　　）。

A. ［文件］菜单［打印预览］命令

B. ［文件］菜单［页面设置］命令

C. ［视图］菜单［工具栏］命令

D. ［视图］菜单［页面］命令

7. 在 Word 2003 中，选定当前文档的某一段落，可先将鼠标指针移到该段中的任意位置，再（　　）。

A. 单击鼠标左键　　　　　　　　B. 双击鼠标左键

C. 双击鼠标右键　　　　　　　　D. 三击鼠标左键

8. 在 Word 2003 中，鼠标拖动被选定的文本的同时按下 Ctrl 键，执行的操作是（　　）。

A. 移动操作　　B. 剪切操作　　C. 复制操作　　D. 粘贴操作

9. 在 Word 2003 中选定一个图形时，图形周围将显示一个带有（　　）个控点的虚线框。

A. 9　　　　　　B. 8　　　　　　C. 4　　　　　　D. 6

10. 在 Word 2003 中，每一页都要出现的一些信息应放在（　　）中。

A. 文本框　　　　B. 第一页　　　　C. 脚注　　　　D. 页眉/页脚

11. 用 Word 2003 编辑文本时，如要输入"10cm2"，这里的"2"需要采用上标格式，设置上标用（　　）命令。

A. "格式"菜单中的"上标"　　　B. "工具"菜单中的"上标"

C. "格式"菜单中的"字体"　　　D. "表格"菜单中的"公式"

12. 在 Word 中编辑文本时，若要将文档中所有的"计算机"都改为"电脑"，

可用（　　）操作最方便。

    A. 中英文转换　B. 替换　　　　　C. 改写　　　　　　D. 翻译

13. 在 Word 2003 中，段落标记是在输入（　　）之后产生的。

    A. Enter　　　　B. Tab　　　　　　C. 句号　　　　　　D. 插入分页符

14. 在 Word 2003 的编辑状态中，编辑文档中的 A2 字符，将其字体设置为红色，应使用"格式"菜单中的命令是（　　）。

    A. 字体　　　　　B. 段落　　　　　C. 文字方向　　　　D. 组合字符

15. 在 Word 文档编辑状态下，文档内容要求采用居中对齐时，可选择（　　）功能。

    A. "格式"菜单下的"字体"

    B. "格式"菜单下的"段落"

    C. "工具"菜单下的"自动更正"

    D. "工具"菜单下的"修订"

16. Word 具有分栏功能，下列关于分栏的说法中，正确的是（　　）。

    A. 最多可以设置 4 栏　　　　　　B. 各栏的宽度必须相同

    C. 各栏的宽度可以不同　　　　　　D. 各栏之间的间距是固定的

17. 将文档中一部分文本内容复制到其它位置，先要进行的操作是（　　）。

    A. 粘贴　　　　B. 复制　　　　　C. 选定　　　　　　D. 剪切

18. 在 Word 中，如果用户需要取消刚才的输入，则可以在编辑菜单中选择"撤销"选项；在撤销后若要重做刚才的操作，可以在编辑菜单中选择"重复"选项，这两个操作的组合键分别是（　　）。

    A. Ctrl＋T 和 Ctrl＋l　　　　　　B. Ctrl＋Z 和 Ctrl＋Y

    C. Ctrl＋Z 和 Ctrl＋l　　　　　　D. Ctrl＋T 和 Ctrl＋Y

19. 在 Word 2003 的下列视图中，不是 Word 提供的视图方式是（　　）。

    A. 普通视图　　B. 页面视图　　　C. 大纲视图　　　　D. 合并视图

20. 在 Word 2003 中，想用新名字保存文件应（　　）。

    A. 选择"文件"菜单中的"另存为"命令

    B. 选择"文件"菜单中的"保存"命令

    C. 单击工具条的"保存"按钮

    D. 复制文件到新命名的文件中

二、填空题

1. 剪切、复制、粘贴的快捷键分别是＿＿＿＿＿、＿＿＿＿＿、＿＿＿＿＿。

2. 文本编辑位置一般是通过＿＿＿＿＿位置来指明的。

3. 若要将插入点移到文档的尾部，按＿＿＿＿＿键最快捷。

4. 若要选定当前窗口中的某一段落，最简单快捷的操作方法是_____。

5. 段落标记是在按回车键之后产生，它既表示了_____的结束，同时还记载了信息。

6. 在 Word 编辑状态下，"格式刷"的作用是将源字符的_____或_____格式应用到目的字符。

7. 若要将一个以文件形式保存的图片插入到当前文档中，则应选取菜单栏上的_____命令。

8. 图文混排指的是_____和_____的排列融为一体，恰到好处。

9. 编辑图片的操作主要有_____、_____、_____等。

10. 打印之前最好能进行_____，以确保取得满意的打印效果。

讨论及思考题

1. 简述 Word 工作窗口的组成。

2. Word 定时自动保存功能与用户手动保存文档有何异同？

3. 简述在 Word 中创建表格的几种方法。

4. 在 Word 中如何实现图文混排？

5. 简述样式的用途。

第3章

中文 Excel 2003

【本章要点提示】
- 各种不同类型数据的正确输入；
- 单元格的基本编辑；
- 单元格的格式化；
- 工作表的管理；
- 对数据的排序、筛选、汇总等管理；
- 图表的建立以及编辑；
- 工作表的打印。

【本章内容引言】

Excel 2003 是 Microsoft Office 2003 中继 Word 2003 后又一个应用极为广泛的工具，我们几乎可以借助它完成所有的表格处理，如表格中数据的输入、数据的排序、图表的建立与分析等操作。它以其强大的功能和简便的操作等优点为金融、财税、商务等领域广泛应用。

本章详细介绍了 Excel 2003 软件的典型用途，其主要用于创建和维护电子表格，如数据的录入与存放，数据的管理与图表的建立等。

3.1   Excel 2003 的基本介绍

3.1.1   Excel 2003 的启动与窗口操作

Excel 2003 与 Word 2003 同属于 Office 2003 的组件，其启动与退出的方法与

Word 2003 基本相同，在此不再重复介绍 Excel 2003 的启动与退出方法，请读者结合 Word 2003 的操作方法，自己学习 Excel 2003 的启动与退出。

当启动 Excel 2003 后，系统将自动生成一个新的工作簿文件，且该工作簿的文件名为 Book1，其界面如图 3—1 所示。

图 3—1 启动界面

用户如果将 Excel 的编辑界面与 Word 的界面相比较，不难发现两个窗口有许多相同之处，如它们都包括标题栏、菜单栏、工具栏，并且它们的排列位置也基本相同。但是作为两个不同的应用程序，编辑界面必然存在区别，下面简单介绍一下 Excel 2003 与 Word 2003 界面的不同之处。

1 编辑栏

用来输入和编辑单元格的数据，以及显示活动单元格中的数据或公式。编辑栏左部为地址框（也叫名称框），它将显示被选中的某一个单元格的具体地址。编辑栏右部为编辑区，当用户对单元格进行编辑时，该区域会出现"×"、"√"、"fx"图样的三个按钮，分别表示对选定的单元格进行数据删除、数据输入和公式编辑。

2 行、列标题

用来定位单元格，其中行标题用阿拉伯数字表示，其表示范围为 1～65 536，共有65 536行。列标题用英文字母或字母的组合表示，表示范围为 A～IV，共 256 列。对某个单元格命名时，列标题在前，行标题在后，如 B12 就表示第 2 列（即 B 列）与第 12 行交叉的那个单元格。

3 工作表标签

用来显示工作表的名称，单击工作表标签可以激活相应的工作表。

4 任务窗格

用来指示 Excel 2003 的具体操作任务。

3.1.2 Excel 2003 中的工作簿、工作表及单元格

工作簿、工作表和单元格是几个不同的概念，但相互之间又有一定的联系。在学习本章之前，一定要弄清其区别与联系。

工作簿是指在 Excel 2003 中用来处理和存储数据的文件，其文件扩展名为 xls，一个工作簿就是一个文件。

启动 Excel 2003 后，用户看到的工作画面就是工作表，它由许多行和列构成。一张或多张工作表构成了一个工作簿文件，其中 Excel 2003 建立一个新的工作簿文件时，默认包含三张工作表。

在 Excel 2003 编辑界面中，我们可以看到屏幕上由网格线构成的许多表格，即单元格。单元格为 Excel 中最小的编辑单位，我们可以向其中输入数据、公式或图表信息。在每张工作表中，每个单元格都具有唯一的名字，用来标识其具体位置。

提示：我们可以修改一个新工作簿中包含的默认工作表的张数，可设置的范围为 1～255。

3.1.3 Excel 2003 的基本操作

Excel 2003 的基本操作，主要包括工作簿文件的新建、保存，文件的打开与关闭，因其操作方法与 Word 2003 文件的操作基本相似，在此就不再进行说明，请用户自行研究掌握。

3.2 本章典型实例分析

Excel 2003 被广大的用户所拥戴，因其强大的处理数据的功能，如财务会计对每个月账务的整理，教师对学生分数的管理。下面就对部分学生的分数分析创建一工作表。

图 3—2 案例图示包含了 Excel 2003 中的多数应用知识点，大家可以通过本案例的分析，对本章的知识先有一个大体的认识和了解，这样将更加方便地学习本章后面内容。

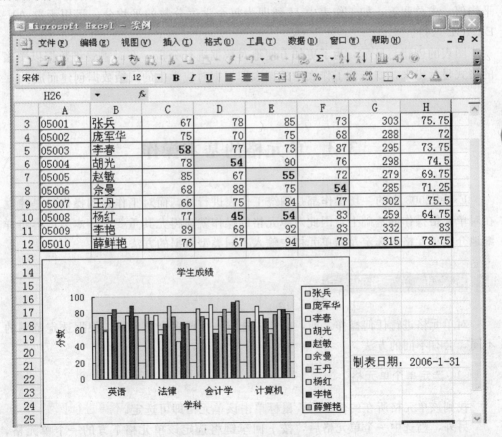

图 3—2 案例图示

分析：

本工作表中包含了不同类型的数据的正确输入和显示。如 A、B 列数据（A3—A12、B3—B12）为文本型数据，列 C—H 为数值型数据的显示。

单元格行、列的调整。必须根据单元格中数据的显示长度来调整行、列的高度和宽度。

工作表的格式化。用于控制数据在单元格中的对齐方式，如左对齐、右对齐等，以及为单元格设置一定的边框线。

条件格式的使用。将单元格中满足一定条件的数据以特殊的格式显示出来，如本例工作表中将数据小于 60 的单元格设置特殊的底纹，如 C5、D6、D10 等单元格的显示。

公式及函数的使用。在工作表中很多时候要涉及到对数据的运算与处理，如求平均值，求总和等，如工作表中 H 列即为每个学生分数的平均分，运用函数 AVERAGE 求得。

图表的创建与显示。为了更加方便地对数据进行分析，有时需要将数据以图表的格式显示出来，如本例工作表中的图表即根据对应学生的成绩数据创建而成。

3.3　单元格的基本操作

Excel 2003 中的一切操作都是围绕工作表进行的，而对工作表的操作又是建立在对单元格操作的基础上，因此对单元格的操作就显得尤其重要了。本节内容将详细地介绍单元格的选定及向单元格中输入不同类型数据的方法。

3.3.1　单元格的选定

对单元格进行任何操作之前，必须先选定一个或多个单元格，根据选定范围的不同，会有不同的方法。

1 选定单个单元格

找到该单元格所在的位置后，鼠标单击该单元格即可选定。

另外，当选中一个单元格后，按下回车键将选定该单元格下方的一个单元格，按 Tab 键选定它后面的一个单元格，按 Home 键可以选中该行所在的第一个单元格。我们还可以运用"→"、"←"、"↑"、"↓"方向键选定当前单元格周围的某个单元格。

2　选定连续单元格

要选取一块连续的单元格区域，如 A3 到 D8 构成的矩形区域，常用的方法有两种：

方法一：先用鼠标定位到该区域左上角的那个单元格，如 A3，按下鼠标左键不放，然后沿该区域的对角线拖动鼠标到区域的右下角，如 D8，松开鼠标就选定了该矩形区域。

方法二：先将鼠标定位到该区域左上角的那个单元格，如 A3，按下 Shift 键，再单击右下角的单元格，如 D8，即可选定该区域。

3　选定不连续单元格

若需要选中一些不连续的单元格，可以选定其中的一个单元格后，按下 Ctrl 键的同时再单击其他的欲选定的单元格，选中全部单元格后再松开 Ctrl 键。

4　选取整行或整列

若需选中工作表中的某行或某列，只需单击相应的行标题或列标题即可。若要选取多行或多列，可以在用鼠标单击对应行或列标题的同时按下 Ctrl 键。

5　选取整张工作表

通过单击工作表最上方的全选按钮（如图 3—1 中标注），选中整张工作表，也可以用 Ctrl＋A 的组合键进行选取。

只有在选定了该单元格后，我们进行的操作才会产生作用，所以大家必须要认真掌握单元格的选定方法。

3.3.2　单元格的数据输入

Excel 2003 中数据主要包括数值、文本、时间、日期、公式等类型，因其类型的不同，输入时的方式也不尽相同，本节将详细介绍前几种数据的输入方法。

向某单元格中输入数据时，一般采用以下三种方法：

方法一：单击该单元格以后，直接输入，此时新输入的数据将覆盖单元格中原有的数据。

方法二：双击该单元格，单元格中出现插入符光标，移动光标到适当的位置后再输入数据，该方法主要适用于对单元格中已有的数据进行修改。

方法三：单击该单元格后，再单击编辑栏的输入框，在输入框中进行数据输入。当单击输入框以后，编辑框的左边将出现三个按钮，分别为"×"、"√"、"fx"图样，分别表示对选定的单元格进行数据删除、数据输入和公式编辑。当在编辑框中输入数据后，按下 Enter 键或"√"按钮即可将刚刚编辑的数据输入到对应的单元格，如要放弃刚才的输入，可以按下 Esc 键或"×"按钮。

我们在进行数据输入时，大家可以根据需要从以上三种方法中选定一种方便的方法进行输入。

因为输入数据的类型的多样性，对于不同类型的数据有不同的输入方法，请观察图 3—3。

	A	B	C	D	E	F	G	H
1	文本一	文本二	数值一	数值二	数值三	数值四	序列	综合
2	计算机	04001	100	100	100	2	星期一	2 1/3
3	数学	04002	100	101	105	4	星期二	-365
4	英语	04003	100	102	110	8	星期三	2006-3-21
5	体育	04004	100	103	115	16	星期四	11:00
6	法律基础	04005	100	104	120	32	星期五	2005-3-6
7	哲学	04006	100	105	125	64	星期六	2005-4-6
8	心理学	04007	100	106	130	128	星期日	2005-5-6
9								

图 3—3　数据输入图示

分析：

本工作表中显示了不同类型的数据，其中包括：

A 列：常规文本型数据；

B 列：数值型文本数据；

C 列：一组数值相同的数据；

D 列：公差为 1 的数值型数据；

E 列：公差为 5 的数值型数据；

F 列：公比为 2 的数值型数据；

G 列：一组有规律的序列；

H 列：包含了分数、负数、日期与时间、年份等不同类型的数据。

下面介绍这几种不同类型数据的输入方法。

1 简单输入

（1）数字常量输入

在 Excel 2003 中，数字常量只能包括正号（＋）、负号（－）、阿拉伯数字

（0～9）、美元符（＄）、科学记数标志（E 或 e）等符号。在输入数字常量时，先选定该单元格，然后通过键盘进行输入。

在输入过程中应注意：

①正数可以直接输入，前面的正号（＋）可以省略；

②当输入负数时（如图 3—3 中 H3 单元格数据），如要输入－365，可以按－365或（365）两种方式输入；

③输入分数时（如图 3—3 中 H2 单元格数据），输入方法为：整数＋空格＋分数，如输入 3/4，应按照 0 3/4 的方法输入；

④当输入的数字长度超过单元格可显示的长度时，程序将自动将其转换为科学记数（如 3.25E＋08）方式显示。

输入的数值型数据在单元格中默认以右对齐格式排列。

（2）文本常量输入

在 Excel 2003 中，文本常量可以是数字、空格和其他的各类字符的组合。输入文本常量时，在选定该单元格后，直接进行文本数据的输入。

在输入过程中要注意：

①若输入内容过长，需文本以多行显示，可以在单元格中适当位置按下 Alt＋Enter 进行强制换行；

②若要输入一串由数字组成的文本常量（如图 3—3 中 B 列数据），如邮政编号或电话号码等，为了与数值常量区别，需要在该数字串前加英文状态下的"'"标记。

输入的文本数据在单元格中默认以左对齐格式排列。

（3）日期和时间的输入

Excel 2003 将日期和时间视为数字进行处理，但是它们又有自己特定的格式。

在输入日期时，需要用左斜线（/）或短线（—）作为年、月、日之间的分隔符，例如可以按照"1998/9/28"或"1998—9—28"的格式输入。

在输入时间时，若按 12 小时制输入，则在输入完时间以后空一格，再输入分别表示上午或下午的字母 a（A）或 p（P），例如输入 8：20 a；若按 24 小时制输入，则直接输入确切的时间值，如直接输入 20：20。

若需要在某一单元格中输入当前日期（如图 3—3 中 H4 单元格数据），按组合键 Ctrl＋；（分号）可以快捷输入；若输入当前时间（如图 3—3 中 H5 单元格数据），也只需运用 Ctrl＋Shift＋；（分号）的组合键。

2　快速输入

因 Excel 软件的用途决定，用户有时需要向工作表中输入大量的数据，若掌握了快捷的输入方式后，可以提高输入效率。下面就介绍几种常用的快速输入方法。

（1）"自动完成"输入

Excel 2003 提供了一项智能化的输入功能，当用户需要重复输入同样的数据或文本时，系统可以依据曾经输入的数据自动完成下一次数据输入。例如，在 B5 单元格中输入"中华人民共和国"后，在其他的单元格中只需要输入"中"后，后面的"华人民共和国"字符会自动出现，供用户选择。若此时需要输入的刚好是系统提供的字符，则按下 Enter 键即可，若提供的数据与待输入的数据不一致，用户只需要继续正常输入就可以了。若有时后面的字符没有直接显示出来，我们可以右击需要进行数据输入的单元格，从快捷菜单中选择"从下拉列表中选择"命令，此时Excel 2003 将以前输入的文本显示出来供用户选择，我们用方向键进行选定需要输入的数据后，按下 Enter 键即可将选中的数据直接输入。

（2）自动填充

在日常生活中，有许多数据、表格是由一定规律的序列构成的，例如一月、二月、三月，星期一、星期二、星期三，1997 年 7 月、1997 年 8 月、1997 年 9 月等，输入这些有规律的数据时，我们可以按照下列方法操作：

①数值数据填充

有时我们需要在单元格中输入大量有规律的数值型数据，可以应用快捷方法输入：

·　在起始单元格中输入第一个数值数据后，选定该单元格。

·　将鼠标指针移到该单元格右下角的填充柄，若是对该数据进行复制，则按下鼠标左键直接拖动填充柄；若需要数值以＋1 的规律递增（如图 3—3 中 D 列单元格数据），则在向右或向下拖动填充柄的同时按下 Ctrl 键，若需要数值以－1 的规律递减，则在向左或向上拖动填充柄的同时按下 Ctrl 键，拖动到目的单元格后释放鼠标；若以其他规律填充，可以点击"编辑"菜单中的"填充"命令中的"序列"子命令，在如图 3—4 所示的"序列"对话框中设置自动序列的填充数据，在"序列产生在"区域指定填充的方向是"行"或"列"。

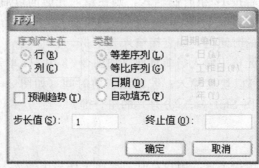

图 3—4　"序列"对话框

在"类型"区域中包括以下几种类型：

等差序列：Excel 通过步长值决定数据增大或减小的幅度；

等比序列：Excel 将数值乘以常数因子；

日期：包括指定增量的日、月、年、工作日等填充方式。

在"步长值"与"终止值"输入框中分别输入递增的步长值和终止值。

- 点击"确定"按钮即可完成数值数据的填充。

②文本数据填充

当要向工作表中输入文本数据（如图 3—3 中 G 列单元格数据）时，也有非常方便的操作方法。

- 在初始单元格中输入第一个文本型数据，如星期一，单击选定该单元格。
- 若对单元格中的数据进行简单复制，则按下 Ctrl 键的同时应用鼠标左键拖动填充柄；若需要其以一定规律填充，只需按下鼠标左键直接拖动填充柄，拖动到目的单元格后释放鼠标即可。

③一次性输入数据

有时可能需要在多个单元格中输入相同的数据（如图 3—3 中 C 列单元格数据），若反复重复输入，这样不但效率低，而且还不能保证输入数据的正确性。我们可以用一次性输入完成该任务，其操作方法为：选定这些要输入数据的单元格，然后输入该数据，再按 Ctrl＋Enter 的组合键，这样被选中的单元格就都输入了该数据。

3.3.3　移动和复制单元格

有时我们进行单元格编辑时，可能需要将一个已编辑完的单元格复制或移动到其他位置，这样就必须掌握单元格的移动和复制操作，下面简单介绍一下其操作方法。

方法一：

（1）单击选定要移动或复制的单元格，应用右键的"剪切"或"复制"命令，此时选定的单元格四周将出现虚线边框，表明该区域的内容已经放到剪贴板中了。

（2）单击目的单元格，运用右键的"粘贴"命令。

方法二：可以运用直接拖动的方法完成单元格的移动或复制操作。

（1）选定要移动与复制的单元格，即源单元格。

（2）按下鼠标左键，拖动鼠标，将其移动到目的位置后释放，此时会观察到源单元格已经被移动到目的位置；若要复制该单元格，在拖动鼠标的同时按下 Ctrl 键即可。

若源单元格和目的位置不在同一个工作表中，可以将源单元格选定以后，按下 Alt 键，然后拖动鼠标到目的位置所在的工作表标签上，此时当前工作表会切换到目的位置所在的工作表，然后在该工作表的目的位置释放鼠标即可完成单元格的移动操作，若是对单元格进行复制，在拖动鼠标的同时按下 Ctrl 键即可。

通过以上方法可以实现对选中单元格的移动或复制操作。

3.3.4 插入单元格、行或列

可能，当用户已经完成对整个工作表的编辑后，发现在某个区域缺少了某一些数据，此时就需要在该区域插入单个或整行或整列的单元格，其操作方法为：

1 插入单元格

（1）在待插入位置选中相应的单元格区域，注意选中的单元格数目与需要插入的单元格的数目相等。

（2）选择"插入"菜单下的"单元格"命令，将打开如图 3—5 所示的"插入"对话框。

（3）按对话框所示选择一种插入方式后，单击"确定"按钮即可。

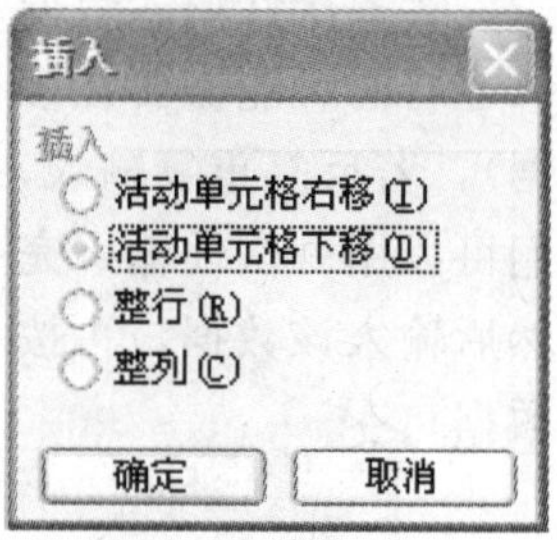

2 插入行或列

插入行的具体操作方法如下：

（1）若需插入一行，单击需要插入的新行之下的相邻行中的任一单元格；若需要插入多行，选定需要插入的新行之下相邻的若干行，注意选定的行数与待插入的行数相等。

（2）选择"插入"菜单中的"行"命令即可。

插入列的方法与插入行的方法类似，在此就不再赘述。

插入操作执行后，会在插入行（列）附近出现"插入选项"浮动按钮，将鼠标指针置于该按钮上，其右下方会出现一个三角按钮，单击该按钮，将弹出如图 3—6 所示的选项菜单。在该菜单中可以为刚插入的新行（列）设置格式，新行（列）是和上一行（列）或下一行（列）的格式保持一致，或不为新行（列）设置任何特殊格式，我们可以根据实际需要进行选定。

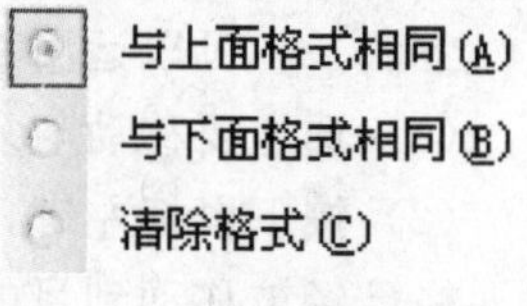

图 3—5 插入单元格

图 3—6 插入后格式设置

3.3.5 插入批注

有时，我们需要对某一单元格中的数据进行注释，这样方便自己或者其他用户以后查阅，此时就需要对该单元格添加批注。当对某单元格添加批注后，该单元格右上角会出现一红色的三角，当鼠标指针指向它时，批注的内容就会显示出来，如图 3—7 所示。

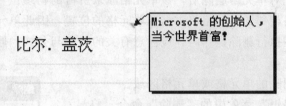

图 3—7 批注示例

为单元格添加批注的方法为：
（1）单击选定需要添加批注的单元格。
（2）点击打开"插入"菜单下的"批注"命令。
（3）此时界面会弹出一个输入框，在该输入框中输入批注的具体信息。
（4）将鼠标移出对该单元格的选定，则批注添加成功。

3.3.6 清除、删除单元格

在介绍该操作之前，请大家务必要弄清楚删除和清除单元格的概念。所谓清除，是指将单元格所包含的数据、公式、批注或格式等去掉，而该单元格依然存在；而删除，是指将单元格内所有内容完全移去，包括该单元格。其操作方法分别如下：

1 清除单元格

（1）选取要清除信息的单元格。

（2）选择"编辑"菜单下的"清除"命令，屏幕将显示如图 3—8 所示的系列子命令：

全部：清除单元格的所有信息，包括内容、格式、批注等；

格式：清除单元格的格式，如边框线、底纹等；

全部 (A)
格式 (F)
内容 (C) Del
批注 (M)

图 3—8 "清除"菜单

内容：清除单元格内的公式、文字或数字信息；

批注：清除为单元格设置的批注信息，其他设置项保持不变。

（3）选取所要的命令，则可对相应的信息项进行清除。

提示： 当选中某单元格后，按下 Del 键，可以对单元格中的内容进行清除。

2 删除单元格

前面介绍过，对单元格删除后，该单元格原来所占的物理位置也将被空出，这样，被删除单元格相邻的单元格将占据原单元格的位置，因此单元格的引用也可能发生变化，所以在执行删除操作时，应注意有关的引用与公式。删除单元格的具体操作步骤为：

（1）选取要删除的单元格或单元格区域。

（2）选取"编辑"菜单中的"删除"命令，将显示如图 3—9 所示的"删除"对话框。

右侧单元格左移：被删除单元格右侧的单元格向左移动相应位置；

下方单元格上移：被删除单元格下方的单元格向上移动相应位置；

整行：删除单元格所在位置的整行单元格，下方单元格向上移动；

图 3—9　删除单元格

整列：删除单元格所在位置的整列单元格，右侧单元格向左移动。

（3）根据需要在该对话框中选定对应选项。

（4）单击"确定"按钮即可。

3.3.7　隐藏单元格

有时因为一些原因，我们不希望其他用户查看到某一工作表中的某些数据，此时可以对这些数据实施隐藏。如需将工作表中的 4、5 两行隐藏起来，可以这样操作：选定需要隐藏的单元格后，再选定"格式"菜单中"行"（列）命令的"隐藏"子命令，这样就能将该单元格所在的整行或整列隐藏起来。

要取消隐藏的行或列，可先选取被隐藏的行（列）两侧的行（列），再选择"格式"菜单中的"行"（列）命令下的"取消隐藏"子命令。如要取消对 4、5 行的隐藏，可以选取第三到第六行。

注意： 对单元格隐藏后，程序不会对剩下的行（列）重新排序，这样我们可以很方便地通过观察行（列）的标签号码来确定该工作表的某一区域是否存在被隐藏的单元格。

3.3.8 设置行高与列宽

读者如果注意观察 Excel 的界面，就会发现程序提供的工作表中所有单元格的行高和列宽均相同，这样虽然保持了单元格风格的统一，但是有时因为特殊要求，某些单元格所在的行高或列宽需要增大或缩小，此时系统默认的行高与列宽值并不能满足需求，此时需要对其进行调整与设置。

方法一：手动调节

（1）选中需要进行行高调整的单元格所在的行。

（2）将鼠标指针移动到该选定行的行表头与下一行的行分隔线上，此时鼠标指针会变成上下箭头形状，按下鼠标左键不放并拖动鼠标，此时被选定行的高度会发生变化，当行高调整到满足需求高度时，释放鼠标即可。

方法二：精确设置

当采用上面的方法手动调节行高或列宽时，其高度或宽度值是通过用户目测，可能不太准确。若需要将其精确地设置为某一度量值时，可以采用对话框进行设置。

（1）选中需要进行行高设置的行内的一个或多个单元格。

（2）选择"格式"菜单中"行"命令的"行高"子命令，打开如图 3—10 所示的"行高"对话框，在该对话框中输入行高的具体度量值，如 25，单击"确定"按钮。

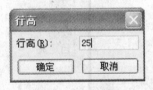

图 3—10 行高设置

此时我们就观察到被选定的单元格所在的行高发生了变化。

列宽的调节方法与行高的调节方法类似，请大家自行研究。

提示： 可以一次同时对多行或多列的行高或列宽进行设置。

3.3.9 单元格的格式化

当对工作表进行数据输入以后，我们需要的数据都已经包含在其中了，但是，仅仅有单调的数据会让人感到很枯燥，如果我们能将工作表适当地"润饰"一下，使工作表更加美观，这样用户在查阅数据时就会感到非常轻松。

对单元格的格式化主要包含以下几个方面。

1 数据的显示格式

在工作表中，数据都是以默认的格式或用户设置的格式进行显示。通常情况下，每种数据格式可以被指定一种显示格式，有时我们可能需要对同一个数据在不同的单元格中以不同的格式显示出来，此时我们就需要对该数据的显示格式进行设置了。

数据在单元格中大致有如图 3—11 中"分类"框中所示的几种显示类型。

若需要更改某一数据在单元格中的显示格式，可以通过以下两种方法进行设置。

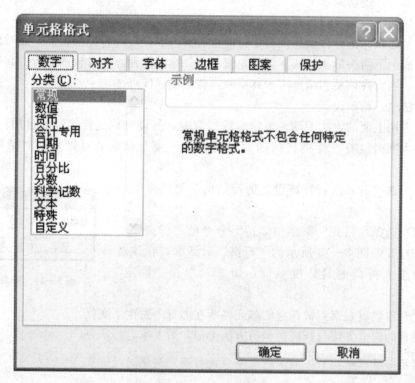

图 3—11 "数字"选项卡

方法一：通过"格式"工具栏

在"格式"工具栏上，用于改变数字格式的按钮如下： ，分别表示［货币样式］、［百分比样式］、［千位分隔符样式］、［增加小数位数］、［减少小数位数］。若需对某单元格中的数字进行格式设置时，只需选定该单元格后，单击工具栏上相对应的格式按钮即可。

方法二：通过"单元格格式"对话框

除了以上的几种数字格式外，还有日期、时间、文本等格式，这些数据的格式设置在"格式"工具栏上没有设置专门的按钮，此时我们需要通过"单元格格式"对话框进行设置，其设置方法为：

（1）选定需要进行格式设置的一个或多个单元格。

（2）点击打开"格式"菜单下的"单元格"命令项，将打开"单元格格式"对话框，在该对话框中单击"数字"标签，将打开如图 3—11 所示的"数字"选项卡。

（3）在该选项卡的"分类"列表框中选择需要设置的数据类型，此时在右边对应的列表框中选择需要的数据类型格式。

（4）设置完毕后，单击"确定"按钮即可完成设置。

2 单元格的对齐方式

默认情况下，Excel 2003 工作表中文本、数字在单元格中分别以左对齐、右对齐方式排列。当然我们也可以根据实际需要进行设置。

如图 3—12 所示即为不同对齐方式的数据显示示例。

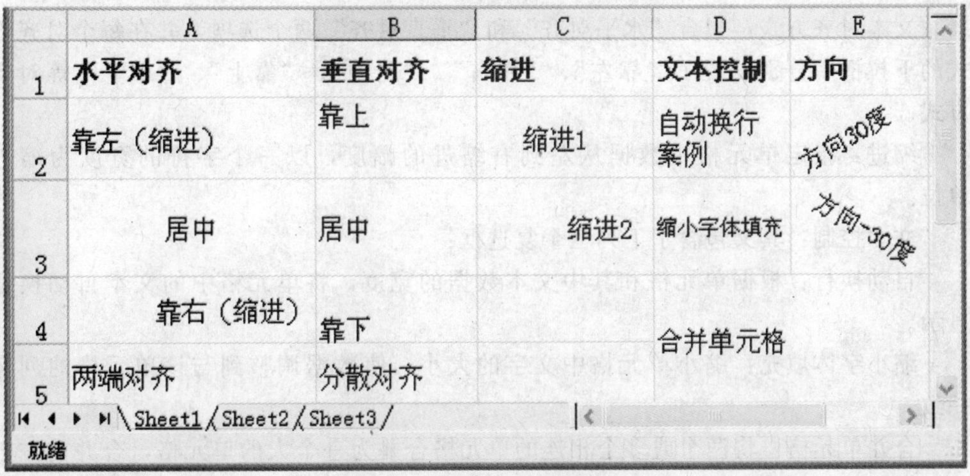

	A	B	C	D	E
1	水平对齐	垂直对齐	缩进	文本控制	方向
2	靠左（缩进）	靠上	缩进1	自动换行案例	方向30度
3	居中	居中	缩进2	缩小字体填充	方向-30度
4	靠右（缩进）	靠下		合并单元格	
5	两端对齐	分散对齐			

图 3—12　文本对齐示例

要设置单元格中数据的对齐方式，在选定该单元格后，点击打开"格式"菜单下的"单元格"命令，在弹出的对话框中选择"对齐"标签，将打开"对齐"选项卡，其界面如图 3—13 所示。

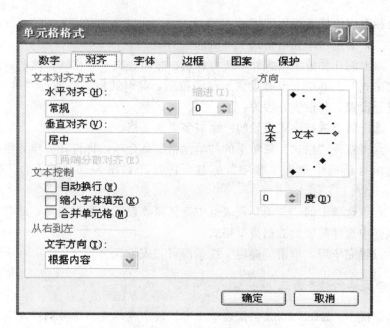

图 3—13　"对齐"选项卡

在该选项卡中，主要包含以下几个选项：

文本对齐方式：包含"水平对齐"和"垂直对齐"两个选项，并在每个对齐方式的下拉框中分别设置了"靠左"、"靠右"、"居中"、"靠上"、"靠下"等对齐方式。

缩进：指定单元格中数据从左到右缩进的幅度，以一个字符的宽度为缩进单位。

文本控制：其又包含了下列三个复选框：

自动换行：根据单元格和其中文本数据的宽度，将单元格中的文本自动换行显示。

缩小字体填充：缩小单元格中文字的大小，使数据调整到与该单元格的列宽一致。

合并单元格：将两个或多个相连的单元格合并为一个大的单元格，合并前左上角单元格中的数据将作为合并后整个单元格的数据。

方向：用来改变数据显示的角度。在"度"微调框中输入或选择正数时，数据将逆时针方向旋转相应角度显示，使用负数将顺时针方向旋转相应角度显示。

我们只需要在相应的选项中选定某格式后，点击该对话框的"确定"按钮即可完成设置。

对单元格中数据的对齐方式，除了应用该对话框设置外，在"格式"工具栏上也设置了几个常用的按钮，如图 3—14 所示，我们也可以用对应的按钮进行一些简单的格式设置。

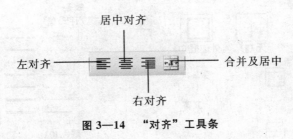

图 3—14　"对齐"工具条

提示：若需要将长篇数据或条行式内容显示在一个单元格中，并上下对齐，必须要在单元格内强制换行，需要在换行的位置按下 Alt＋Enter 的组合键。

3 单元格字体

要美化工作表，可对工作表中的内容进行格式设置，就像在 Word 2003 中进行格式设置一样。在 Excel 2003 的工作表中也可以进行字体等格式设置，其设置方法可以运用"格式"工具栏上相关的按钮进行简单的设置，也可以通过打开"单元格格式"对话框后，在"字体"选项卡下进行设置，其设置内容和方法与 Word 2003 基本相同，如字型、字号、字体、颜色、下划线等。

提示：和 Word 2003 的设置一样，在对 Excel 中单元格进行字体设置之前，也一定要选中需要进行设置的一个或多个单元格。

4 单元格边框

默认情况下，Excel 2003 中所有单元格的四周都是没有边框线的，用户在窗口中看到的是虚网格线，在工作表打印时，这些网格线并不打印出来。通常，我们需要手动为某些单元格添加实边框线以提升单元格的显示效果。如本章案例中，我们为整个数据所在的区域设置了双实线的大边框，又为每个单元格设置了单实线的内边框。设置单元格边框的方法如下：

（1）选定需要进行边框设置的一个或多个单元格。

（2）点击打开"格式"菜单下的"单元格"命令，在弹出的"单元格格式"对话框中点击打开"边框"选项卡，其界面如图 3—15 所示，它包含了许多按钮，其中一些典型按钮的作用如表 3—1 所示。

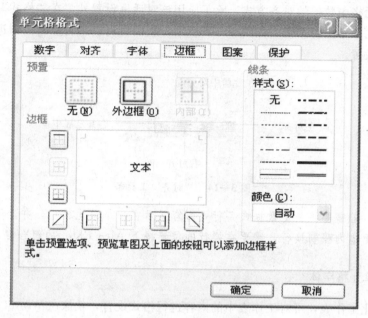

图 3—15 "边框"选项卡

表 3—1   "边框"按钮功能

	取消选定单元格的所有边框线
	为选定单元格外部添加边框
	为选定单元格添加内边框
	为选定单元格上边添加边框
	为选定单元格添加行分隔线
	为选定单元格下边添加边框
	为选定单元格添加/样式斜线
	为选定单元格左边添加边框
	为选定单元格添加列分隔线
	为选定单元格右边添加边框
	为选定单元格添加 \ 样式斜线

（3）在边框的"线条"和"颜色"区域为需要添加的边框设置样式和颜色。

（4）为单元格设置边框类型，如内框线、外框线、斜线等，设置完毕后，单击

"确定"按钮即可。

注意：当选择了一种边框线的样式和颜色后，必须重新设置边框线的类型，这样设置的边框样式和颜色才会对选定的边框类型起作用。

另外，我们在选定单元格后，点击"格式"工具栏上边框右下角的三角按钮，将打开如图 3—16 所示的"边框线类型"列表，也可以对单元格设置边框。

图 3—16　"边框"工具条

5　单元格的颜色和图案

在编辑 Excel 工作表时，我们会发现，在默认情况下，单元格的底色是白色的，而且没有任何图案。为了使工作表更加美观，或为了突出工作表中某些单元格特殊性，可以根据需要为单元格设置填充颜色和图案，其具体操作步骤为：

（1）选定需要设置填充颜色或图案的单元格。

（2）点击"格式"菜单下的"单元格"命令，打开"单元格格式"对话框，并在该对话框中打开"图案"选项卡，其界面如图 3—17 所示。

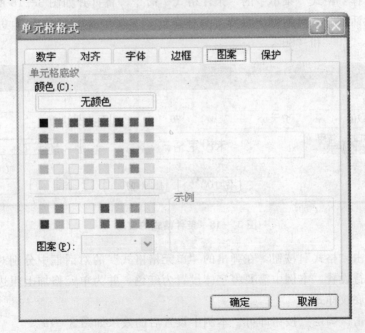

图 3—17　"图案"选项卡

127

（3）在"颜色"列表框中选择单元格的背景颜色。

（4）打开"图案"下拉列表，在系统提供的图案中，选择满足需要的图案和填充颜色。

（5）单击"确定"按钮即可。

通过以上一系列的设置，此时我们会发现设置后的工作表外观变得更加生动了。

3.3.10　条件格式的使用

前面已经介绍过，Excel 软件主要功能是对数值进行处理，面对大量的数据，有时因为一些特殊的需求，如需为所有大于 70、小于 80 的数值单元格设置特定的格式。若手动去设置则费时费力，此时我们可以应用 Excel 2003 为我们提供的条件格式的功能，它可以在工作表中某些区域中自动为符合给定条件的单元格设置指定的特殊格式。例如，将图 3—19 中的学生成绩中分值在 70～80 之间的单元格设置为"红色字体，加粗边框线，灰色底纹"的格式，其设置步骤为：

（1）选定要进行格式设置的单元格区域。

（2）选择"格式"菜单中的"条件格式"命令，将打开如图 3—18 所示的"条件格式"对话框。在对话框中设置好具体条件，本例中选择"介于"，并在输入框中分别输入"70"和"80"。

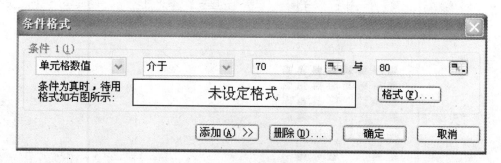

图 3—18　条件格式的使用

（3）单击"格式"按钮，在弹出的"单元格格式"的对话框中分别对字体、边框和图案进行设置。本例中需要将字体设置为红色，并为单元格加上粗边框线，并设置灰色的底纹样式。

（4）单击"确定"按钮即可。本例中设置后的效果如图 3—19。

	A	B	C	D	E	F	G
1	本年度学生期末考试成绩表						
2	学号	姓名	英语	法律	会计学	计算机	总分
3	05001	张兵	67	78	85	73	
4	05002	庞军华	75	70	75	68	
5	05003	李春	58	77	73	87	
6	05004	胡光	78	54	90	76	
7	05005	赵敏	85	67	55	72	
8	05006	佘曼	68	88	75	54	
9	05007	王丹	66	75	84	77	
10	05008	杨红	77	45	54	83	
11	05009	李艳	89	68	92	83	
12	05010	薛鲜艳	76	67	94	78	

图 3—19 条件格式示例

提示：在"条件格式"对话框中单击"添加"按钮，可以一次设置多个条件，在 Excel 2003 中，一次最多可以设置三个不同的条件。

运用过"条件格式"的功能后，我们大家会再一次体会到 Microsoft Office 2003 软件功能的强大和方便吧！

3.4 工作表管理

工作表对于 Excel 来说，是一个相当重要的概念，它是单元格的集合，比单元格所包含的数据更为广泛，Excel 2003 处理数据的多数操作都是基于工作表进行的，因此对工作表的管理就显得尤为重要。

3.4.1 工作表的管理

管理工作表，就是对工作表进行操作，其具体包含以下内容。

1 工作表的选取

选取单张工作表：用鼠标单击所需的工作表标签。

选取多张相邻的工作表：用鼠标单击选取第一张工作表后，按下 Shift 键，再单击最后一张工作表的标签即可。

选取多张不连续的工作表：用鼠标选取第一张工作表后，按下 Ctrl 键，再分别单击其他需要选取的工作表的标签。

2 工作表的更名

工作簿中每张工作表都有其确定的名字，例如，在新建一个工作簿文件后，在默认状态下，三张工作表的名字分别为 sheet1、sheet2、sheet3，系统默认的工作表名称虽然比较简单，但是不够直观。用户在实际操作中，有时需要按照实际用途对这些工作表重新命名，下面介绍一下工作表重命名的方法。

（1）用鼠标双击需要更名的工作表的标签。

（2）此时该工作表标签就会变成一个编辑框，在该编辑框中输入新的工作表的名字，按回车键确认即可。

3 工作表的插入

默认状态下，一个新的工作簿仅包含三张工作表，我们可能在同一个工作簿中需要更多的工作表，此时我们可以在该工作簿中插入新的工作表。

若要在某张工作表前插入单张工作表，只需要在该工作表标签上点击右键，选择"插入"命令，在打开的"插入"对话框中选择"工作表"图标即可。

若要在某张工作表前插入多张工作表，需要选定该张工作表以后的多张工作表，且选定的工作表的数目与待插入的工作表数目相等，然后在该工作表标签上点击右键，选择"插入"命令，在打开的"插入"对话框中选择"工作表"命令即可。

4 工作表的删除

（1）选定待删除的工作表。

（2）选择"编辑"菜单中的"删除工作表"命令。

注意： 工作表一旦删除后，不能通过撤销操作进行恢复，且被删除的工作表不会被放置到回收站中。

5 工作表的移动和复制

有时我们需要调整工作簿中工作表的顺序，或者对某些工作表进行复制，这就需要运用"移动和复制工作表"命令，常用的方法为：

（1）选取要移动或复制的工作表。

（2）选择"编辑"菜单中的"移动或复制工作表"命令，弹出如图 3—20 所示的对话框。

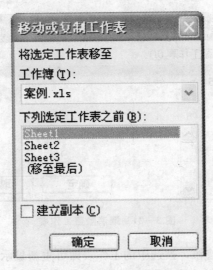

图 3—20　移动、复制工作表

（3）在对话框中选择目标工作表的放置位置，并且目的位置可以与当前操作的工作表不在同一个工作簿文件中，若是对工作表进行复制，请选中"建立副本"选项。

（4）单击"确定"按钮即可。

提示：可以在不同的工作簿文件之间进行工作表的移动或复制，进行操作前，要保证这些工作簿文件已经被打开。

6　工作表的隐藏

有时，一个工作簿文件中，我们不希望某些工作表对其他用户显示，此时需要对该工作表进行隐藏，其具体操作方法为：

（1）选中需要隐藏的一张或多张工作表。

（2）在菜单栏上选择"格式"菜单下"工作表"命令的"隐藏"子命令，这样就完成了对工作表的隐藏。

当对某工作表隐藏以后，工作表标签上将不再出现该工作表的名字。

当然知道了工作表的隐藏方法后，也一定要掌握如何显示被隐藏的工作表，否则，这些工作表将"丢失"了，其方法为：

（1）选择"格式"菜单下的"工作表"命令下的"取消隐藏"子命令。

（2）在弹出的"取消隐藏"对话框中选择需要恢复显示的工作表，如图 3—21 所示。

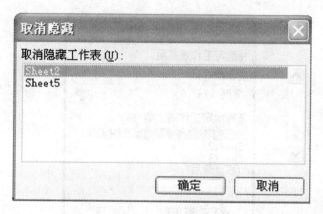

图 3—21　取消隐藏工作表

（3）点击"确定"按钮，被选中的工作表即可重新显示。

取消对工作表的隐藏后，工作表标签上将在原来位置显示刚被恢复的工作表的名字。

3.5　公式和函数的使用

数据的运算与分析是 Excel 2003 的特色功能，它不仅能够建立用户日常工作中所使用的各种数据表格，而且可以通过公式、函数对这些数据进行运算，并且将运算结果有条理地显示出来，这是普通的文本处理软件所不及的。下面将详细介绍公式和函数的类型与用法。

3.5.1　公式的建立

当用户在单元格中输入公式后，Excel 会自动进行运算，运算结果将显示在原单元格中，运算公式显示在编辑栏中。如工作表中 C3 单元格的数据为 67，D3 单元格数据为 78，E3 单元格数据为 85，F3 单元格数据为 73，若要在 G3 单元格中输入公式求出 C3、D3、E3、F3 中数据的和，其具体操作步骤为：

（1）选择要建立公式的单元格，本例为 G3。

（2）在该单元格中输入＝，然后输入数字和运算符号，本例为"＝C3＋D3＋E3＋F3"。

（3）输入完毕后，单击"确定"按钮即可。

（4）此时，单元格中会显示运算结果，本例的显示结果如图 3—22 所示。

	G3		fx	=C3+D3+E3+F3			
	A	B	C	D	E	F	G
1	本年度学生期末考试成绩表						
2	学号	姓名	英语	法律	会计学	计算机	总分
3	05001	张兵	67	78	85	73	303
4	05002	庞军华	75	70	75	68	
5	05003	李春	58	77	73	87	
6	05004	胡光	78	54	90	76	
7	05005	赵敏	85	67	55	72	
8	05006	佘曼	68	88	75	54	
9	05007	王丹	66	75	84	77	
10	05008	杨红	77	45	54	83	
11	05009	李艳	89	68	92	83	
12	05010	薛鲜艳	76	67	94	78	

图 3—22　公式使用示例

3.5.2　公式中的语法

公式语法即公式中元素的结构或顺序。Excel 2003 中公式遵守一个特定的语法：最前面是等号（＝）开头，后面是参与运算的操作数和运算符，每个操作数可以是不会改变的数值（常量数值），也可以是单元格区域引用、名称或工作表函数。

在默认状态下，Excel 2003 中公式从等号（＝）开始，从左到右执行运算。

3.5.3　公式中的运算符号

运算符对公式中的操作数进行特定的运算，Excel 2003 中常用的运算符包括：算术运算符、比较运算符、文本运算符和引用运算符，其中：

算术运算符为一些基本的数学符号，如加号（＋）、减号（－）、乘号（＊）、除号（/），其运算顺序与数学运算中的顺序相同。

比较运算符可以比较两个数值的大小，其产生的结果只有真（True）和假

（False）两种逻辑值，其主要包括等于（＝）、大于（＞）小于（＜）、不等于（＜＞）等。

文本运算符 & （连字符）将两个文本值连接起来产生一个连续的文本，如"中国"&"人民"产生的字符为"中国人民"。

引用运算符可以将单元格区域进行合并运算，其包括以下几种：

区域运算符（:）：表示包含两个操作数所指范围在内的所有单元格，如（C2：D3），表示 C2、C3、D2、D3 四个单元格；

联合运算符（,）：表示包含所列出的所有单个单元格，如（C2，D3），表示 C2、D3 两个单元格；

交叉运算符（空格）：表示几个给定区域中相互交叉的区域中的单元格，如（C2：D3 D2：E3）表示 D2、D3 两个单元格。

在我们运用公式时，一个公式中可以同时包含上述的四种运算符，这四种运算符的运算优先级为引用运算符、算术运算符、文本运算符、比较运算符。

3.5.4 单元格的引用

在实际的工程计算中，公式的表达式中不仅可以包含数值，往往还需要引用其他单元格中的数据。在 Excel 2003 中，公式中的"单元格引用"功能是指在一个单元格中通过引用单元格的名字来引用其他单元格中的数据，其主要包括：

1 引用本工作表中的单元格

单元格引用有多种类型，大致可分为绝对引用、相对引用、混合引用。

（1）绝对引用

绝对引用是指被引用的单元格与引用的单元格之间的关系是绝对的，无论将该公式复制到任何单元格，公式中引用的还是原单元格。

例如，对公式＝C3＋D3＋E3＋F3，绝对引用的方法是在引用单元格的行和列标题前加上"＄"符号，即对于上述公式改为绝对引用应表示为＝＄C＄3＋＄D＄3＋＄E＄3＋＄F＄3，如在图 3—23 的 G3 单元格中输入该公式，G3 中得到以上四个单元格中数值的和。

若将该公式复制到 H3 单元格中，我们可以仔细观察一下，公式的内容完全没有产生变化，H3 中得到的结果仍为以上四个单元格数值之和，这就是绝对引用的效果，如图 3—23 所示。

（2）相对引用

相对引用是指被引用的单元格与引用单元格的位置关系是相对的，当将一个带

H3		▼	*fx*	=$C$3+$D$3+$E$3+$F$3			
	A	B	C	D	E	F	G	H

本年度学生期末考试成绩表

	学号	姓名	英语	法律	会计学	计算机	总分	
3	05001	张兵	67	78	85	73	303	303
4	05002	庞军华	75	70	75	68		
5	05003	李春	58	77	73	87		
6	05004	胡光	78	54	90	76		
7	05005	赵敏	85	67	55	72		
8	05006	佘曼	68	88	75	54		
9	05007	王丹	66	75	84	77		
10	05008	杨红	77	45	54	83		
11	05009	李艳	89	68	92	83		
12	05010	薛鲜艳	76	67	94	78		

图 3—23　单元格绝对引用示例

有单元格引用的公式复制到其他单元格时，公式中引用的单元格将变成与目标单元格（即获得复制公式的单元格）一样相对位置上的单元格。

相对引用时不需要在行、列标题前加上任何符号，直接输入该单元格的名称即可。

例如，对公式＝C3＋D3＋E3＋F3，就是一个包含单元格相对引用的公式。

如在 G3 单元格中输入该公式表达式，G3 中得到的是 C3、D3、E3、F3 单元格中数值的和。

若将该公式复制到 H3 单元格中，用户再仔细观察一下，单元格中表达式的内容变为＝D3＋E3＋F3＋G3，即此时计算的是 D3、E3、F3、G3 四个单元格中数值的和，这就是相对引用的运用，如图 3—24 所示。

H3		▼	*fx*	=D3+E3+F3+G3			
	A	B	C	D	E	F	G	H

本年度学生期末考试成绩表

	学号	姓名	英语	法律	会计学	计算机	总分	
3	05001	张兵	67	78	85	73	303	539
4	05002	庞军华	75	70	75	68		
5	05003	李春	58	77	73	87		
6	05004	胡光	78	54	90	76		
7	05005	赵敏	85	67	55	72		
8	05006	佘曼	68	88	75	54		
9	05007	王丹	66	75	84	77		
10	05008	杨红	77	45	54	83		
11	05009	李艳	89	68	92	83		
12	05010	薛鲜艳	76	67	94	78		

图 3—24　单元格相对引用示例

（3）混合引用

混合引用中被引用的单元格与引用单元格之间的位置关系既有相对的，也有绝对的，例如公式＝＄C3＋D＄3＋＄E3＋F＄3就是包含混合引用的表达式。

当将一个带有混合引用的公式复制到其他单元格时，绝对引用的部分将保持绝对引用的性质，而相对引用的部分依然保持相对引用的变化规律，例如将G3单元格中的公式＝＄C3＋D＄3＋＄E3＋F＄3复制到H3单元格中，此时公式将变为＝＄C3＋E＄3＋＄E3＋G＄3，如图3—25所示。

	H3	▼	*fx*	=$C3+E$3+$E3+G$3			
	A	B	C	D	E	F	G	H
1	本年度学生期末考试成绩表							
2	学号	姓名	英语	法律	会计学	计算机	总分	
3	05001	张兵	67	78	85	73	303	540
4	05002	庞军华	75	70	75	68		
5	05003	李春	58	77	73	87		
6	05004	胡光	78	54	90	76		
7	05005	赵敏	85	67	55	72		
8	05006	佘曼	68	88	75	54		
9	05007	王丹	66	75	84	77		
10	05008	杨红	77	45	54	83		
11	05009	李艳	89	68	92	83		
12	05010	薛鲜艳	76	67	94	78		

图 3—25　单元格混合引用示例

2 引用其他工作表中的单元格

在工作表的引用中，我们不仅可以在当前工作表的内部引用单元格，在实际操作中也可以引用其他工作表中的单元格。

如果要引用其他工作表中的单元格，需要在单元格名字前加上工作表的名字，并以！（半角符号的状态下输入）作为连接符号。

（1）引用本工作簿中的其他工作表

若被引用的单元格与原单元格在同一个工作簿文件中，如在 sheet2 的 B2 单元格中输入公式＝sheet1！A1＋B3＋sheet3！C4，其表示将当前工作簿中 sheet1 的 A1、sheet2 中的 B3、sheet3 中的 C4 单元格的数据之和显示到 sheet2 的 B2 单元格中。

（2）引用不同工作簿中的工作表

Excel 2003 为我们用户设计得很全面，除了可以引用本工作簿的工作表中的单元格，还可以引用不同工作簿的工作表中的单元格。

　　引用其他工作簿文件的单元格时，需要在单元格名字前加上工作簿路径、工作簿的名称和工作表名称，并用"'"加以引用，文件名本身（不包括路径名）需要用中括号"［］"括起来，另外还需要用！来连接单元格名字。

　　如公式＝'C：\ 学生成绩［book1.xls］sheet1'！A1＋sheet2！B3＋sheet3！C4，表示将位于 C 盘"学生成绩"目录下的 book1.xls 工作簿文件中的 sheet1 工作表中的 A1 单元格，当前工作簿中 sheet2 工作表的 B3 单元格和当前工作簿中的 sheet3 工作表的 C4 单元格中的数据相加。

　　提示 1：若被引用的工作簿 book1.xls 已经被打开，则在公式中可以省略工作簿文件的路径部分，直接应用＝'［book1.xls］sheet1'！A1＋sheet2！B3＋sheet3！C4 即可。

　　提示 2：在引用其他工作表中的单元格时，同样可以使用绝对引用、相对引用、混合引用，且各个引用的性质保持不变。

3.5.5　函数的使用

　　函数是一些预先记录的公式，它是 Excel 2003 最显著的特点之一，用户只需通过输入带有变量的函数关键字，变量指明计算中要使用到的数据，下面将详细介绍函数使用中的一些细节。

　　向单元格中输入函数的方法有两种，一种是用户直接手工输入，另一种是使用函数向导，下面我们将详细讨论这两种输入方法。

　　方法一：手工输入

　　手工输入函数的方法是一种可以使用户灵活输入函数的方法，其操作步骤为：

　　（1）单击需要输入函数的单元格，使其处于可编辑状态，如 G4。

　　（2）通过键盘输入等号（＝），然后单击编辑栏的内容输入框，使得输入框中出现输入光标。

　　（3）在内容输入框中输入函数及运算参数，如 SUM（C4：F4）。

　　（4）输入回车，即可得到运算结果，如图 3—26 所示。

　　方法二：使用函数向导输入

　　虽然手工输入函数的方法比较灵活，但是它对我们用户的要求较高，用户必须熟悉函数的详细语法。而对我们初学者来说，使用函数向导进行函数输入往往更加方便，其具体操作步骤为：

　　（1）单击需要输入函数的单元格，如 H3。

　　（2）单击编辑栏上的"fx"按钮，将打开如图 3—27 所示的"插入函数"对话框。

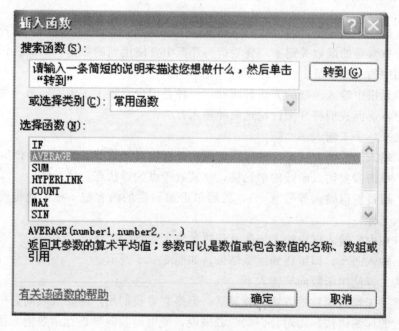

	A	B	C	D	E	F	G
	G4	▼	fx	=SUM(C4:F4)			
1			本年度学生期末考试成绩表				
2	学号	姓名	英语	法律	会计学	计算机	总分
3	05001	张兵	67	78	85	73	303
4	05002	庞军华	75	70	75	68	288
5	05003	李春	58	77	73	87	
6	05004	胡光	78	54	90	76	
7	05005	赵敏	85	67	55	72	
8	05006	佘曼	68	88	75	54	
9	05007	王丹	66	75	84	77	
10	05008	杨红	77	45	54	83	
11	05009	李艳	89	68	92	83	
12	05010	薛鲜艳	76	67	94	78	

图 3—26 函数使用示例

图 3—27 函数选择

（3）在该"插入函数"对话框中选择所需要的函数名，如选中"AVERAGE"

项，此时编辑栏中就出现了选中的 AVERAGE 函数，同时出现"函数参数"设置对话框，如图 3—28 所示；若所需要的函数没有出现在列表中，请在"或选择类别"列表框中选择"全部"，然后再选择所需要的函数。

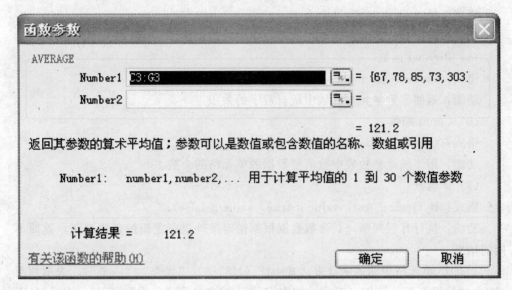

图 3—28　函数参数设置

(4) 在"函数参数"对话框中输入参数。一般情况下，系统会给定默认的参数，如与实际需要相符，直接按"确定"按钮；如果系统所给定的参数非用户所需，可以单击后面的折叠按钮设置具体的运算参数，若有多个参数则需要多次重复该操作，最后按"确定"按钮完成函数输入。

在函数的输入中，用户可以根据自己的实际掌握情况，在上述的两种方法中任意选定一种方法即可。

1 一些典型的函数及其用法

(1) Sum 函数

格式：Sum (number1，number2，…)；

功能：返回参数单元格区域中所有数字的和。

(2) Average 函数

格式：Average (number1，number2，…)；

功能：返回参数单元格区域中所有数字的平均值。

(3) Max 函数

格式：Max（number1，number2，…）；

功能：返回参数单元格区域中所有数字中的最大值。

（4）Min 函数

格式：Min（number1，number2，…）；

功能：返回参数单元格区域中所有数字中的最小值。

（5）Product 函数

格式：Product（number1，number2，…）；

功能：返回参数单元格区域中所有数字的乘积。

（6）Count 函数

格式：Count（value1，value2，…）；

功能：用于统计参数表中数值型数据的单元格的个数。

（7）If 函数

格式：If（logical-test，value-if-true，value-if-false）；

功能：执行真假判断，对参数数据根据指定条件进行逻辑的真假判断，返回不同的结果。

如在 I3 单元格中输入函数表达式＝IF（H3＞80，"优秀"，"一般"），表示判断 H3 中的数据是否大于 80，若是，则在 I3 单元格中显示"优秀"（不显示引号），否则显示"一般"（不显示引号）。

2　函数使用中的要点

对于初学者来说，函数的使用是个难点，不太容易掌握，而 Excel 中对函数的格式要求又比较严格，因而大家在使用中一定要仔细，下面介绍一下函数使用中的一些要点：

（1）任何公式都要以等号（＝）开始，即首先要输入等号。

（2）输入公式和函数时，其中的任何符号（如,、:、""等）都必须采用半角的英文符号。

（3）公式中的文本要用双引号引起来，否则该文本会被认为是某一名字。

（4）函数名称和单元格名称不区分大小写。

（5）要充分合理地利用填充柄的作用，以减少重复的函数输入。

如图 3—26 所示的求每个同学的总分，只需要在 G3 单元格中输入相应的函数（＝SUM（C3：F3））后，将鼠标置于 G3 单元格的右下角，使其处于填充柄状态后，按下左键并向下拖动到 G12 单元格后释放，此时大家可以观察到所有同学的总分结果已经计算出来了。

3 　函数使用中常见的错误

在函数的使用中，我们不可避免地会出现各种不同的错误，及时发现并不断地改正错误，这是我们学习进步的方法。在 Excel 2003 的函数使用中，可能经常会出现如表 3—2 所示的错误情况，表中也给出了相应的原因及解决方案。

表 3—2　　　　　　　　　　　　　　公式引用时错误显示

错误显示	错误原因	解决方法
＃＃＃＃！	数据的宽度大于单元格宽度	调节单元格的宽度
NAME?	公式中有不能被识别的字符	检查公式中字符的有效性
＃NA!	公式中引用的单元格中没有可用数据	检查公式中引用单元格中数据的有效性
＃VALUE!	公式中出现不同数据类型相加	检查公式中数据类型是否一致
＃NUM!	公式中函数的参数不对	检查公式中函数的参数设置的正确性
＃REF!	公式中出现单元格的无效引用	检查公式中单元格的引用

熟练的掌握了公式和函数的使用方法后，我们会发现在 Excel 2003 中，对数据的运算变得得心应手了。

3.6　数据的管理

当我们在工作表中输入数据后，可能因为不同的需求，要合理地对数据进行管理，其主要包括数据的排序、筛选和数据汇总，这里我们将一一介绍。

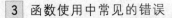 3.6.1　数据排序

排序是指将工作表中的数据按照某个顺序重新进行排列，以提高数据的查询效率。用做排序依据的字段名叫做关键字。在 Excel 2003 的数据排序中，一次最多可以同时设置三个关键字，其中第一个关键字称为主要关键字，另外两个依次为次要关键字和第三关键字。在数据排序中，若使用主要关键字排序时出现优先级相同的数据时，在这个局部区域将按照次要关键字进行排列，依此类推。下面介绍数据的排序操作：

（1）选定需要进行排序的单元格区域。

（2）选择"数据"菜单下的"排序"命令，将打开如图 3—29 所示的"排序"

对话框。

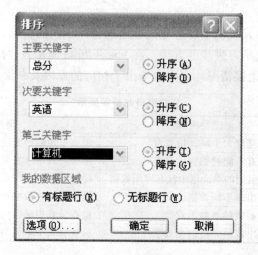

图 3—29　关键字设置

　　（3）在该对话框的各下拉列表框中选择各关键字（其中次要关键字和第三关键字可以省略），并在其右侧为该关键字设置排序次序（升序或降序）。

　　（4）为了防止数据中的标题被作为数据参与排序，通常在"我的数据区域"栏中选中"有标题行"，若还对排序有进一步要求，可以单击"选项"按钮，在如图3—30所示的"排序选项"中进行设置。

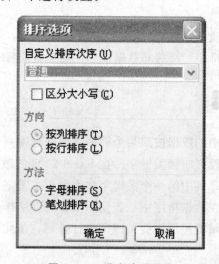

图 3—30　排序选项设置

（5）单击"确定"按钮即可。

如图 3—31、3—32 分别是原数据和以"总分"作为主要关键字、"计算机"作为次要关键字且均为降序排序前后的结果。

	A	B	C	D	E	F	G	H
1			本年度学生期末考试成绩表					
2	学号	姓名	英语	法律	会计学	计算机	总分	平均分
3	05001	张兵	67	78	85	73	303	75.75
4	05002	庞军华	75	70	75	68	288	72
5	05003	李春	58	77	73	87	295	73.75
6	05004	胡光	78	54	90	76	298	74.5
7	05005	赵敏	85	67	55	72	279	69.75
8	05006	佘曼	68	88	75	54	285	71.25
9	05007	王丹	66	75	84	77	302	75.5
10	05008	杨红	77	45	54	83	259	64.75
11	05009	李艳	89	68	92	83	332	83
12	05010	薛鲜艳	76	67	94	78	315	78.75

图 3—31　排序前数据显示

	A	B	C	D	E	F	G	H
1			本年度学生期末考试成绩表					
2	学号	姓名	英语	法律	会计学	计算机	总分	平均分
3	05009	李艳	89	68	92	83	332	83
4	05010	薛鲜艳	76	67	94	78	315	78.75
5	05001	张兵	67	78	85	73	303	75.75
6	05007	王丹	66	75	84	77	302	75.5
7	05004	胡光	78	54	90	76	298	74.5
8	05003	李春	58	77	73	87	295	73.75
9	05002	庞军华	75	70	75	68	288	72
10	05006	佘曼	68	88	75	54	285	71.25
11	05005	赵敏	85	67	55	72	279	69.75
12	05008	杨红	77	45	54	83	259	64.75

图 3—32　排序后数据显示

默认情况下，关于排序次序有如下规定（若设定的是升序排列）：

数字按照数值大小，从小到大排列，字母按照字典中的排列顺序排列；

逻辑值中，false 值排在 true 值前；

所有错误值的优先级相同；

若某些记录按照设定的关键字无法执行排序，则其相对位置保持不变；

空格排在最后。

3.6.2 数据筛选

筛选为查找并处理数据提供了既快捷又准确的方法，筛选数据时，它将合乎用户要求的数据集中显示在工作表中，不满足要求的数据隐藏于幕后。

Excel 2003 提供了两种数据筛选的方法：自动筛选和高级筛选，下面分别介绍其操作方法。

1 自动筛选

自动筛选能够迅速地处理大量数据，其操作方法为：

（1）在工作表中选取要进行筛选的数据区域。

（2）选择"数据"菜单下的"筛选"命令的"自动筛选"子命令。

（3）此时工作表中每一列标题旁会产生一个下拉的列表框箭头按钮，如图 3—33 所示。

	A	B	C	D	E	F	G	H
1	本年度学生期末考试成绩表							
2	学号	姓名	英语	法律	会计学	计算机	总分	平均分
3	05001	张兵	67	78	85	73	303	75.75
4	05002	庞军华	75	70	75	68	288	72
5	05003	李春	58	77	73	87	295	73.75
6	05004	胡光	78	54	90	76	298	74.5
7	05005	赵敏	85	67	55	72	279	69.75
8	05006	佘曼	68	88	75	54	285	71.25
9	05007	王丹	66	75	84	77	302	75.5
10	05008	杨红	77	45	54	83	259	64.75
11	05009	李艳	89	68	92	83	332	83
12	05010	薛鲜艳	76	67	94	78	315	78.75

图 3—33　筛选示例

在下拉列表框中为各标题设置所需要的条件：

全部：显示此列的所有数据；

前 10 个：按指定要求显示满足个数的数据项；

自定义：将打开如图 3—34 所示的"自定义自动筛选方式"对话框，在该对话框中可以根据自己需要指定满足用户需求的条件后，点击"确定"按钮。

通过设置筛选条件后，用户可以观察到只有满足设定条件的数据项才给显示出来，如图 3—35 所示显示的是总分记录为前五名的数据记录。

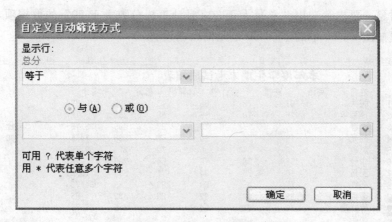

图 3—34　自定义筛选

	A	B	C	D	E	F	G	H
1	本年度学生期末考试成绩表							
2	学号	姓名	英语	法律	会计学	计算机	总分	平均分
3	05009	李艳	89	68	92	83	332	83
4	05010	薛鲜艳	76	67	94	78	315	78.75
5	05001	张兵	67	78	85	73	303	75.75
6	05007	王丹	66	75	84	77	302	75.5
7	05004	胡光	78	54	90	76	298	74.5

图 3—35　自动筛选显示

若要取消数据中筛选条件的设置，可按以下方法操作：

（1）若要在数据项中取消对某一列设置的筛选条件，可单击该列标题旁的下拉箭头，单击"全部"命令项。

（2）若要取消所有列的筛选条件，可以在"数据"菜单中选定"筛选"命令下的"全部显示"子命令。

（3）若要撤销筛选功能，可在"数据"菜单中选择"筛选"命令下的"自动筛选"子命令即可。

2　高级筛选

在使用自动筛选中，大家可以感受到，我们不能按用户的需求指定任意的条件作为筛选条件，而高级筛选可以为我们完成较复杂的条件查询，下面介绍高级筛选的操作步骤：

（1）设置高级筛选的条件区域

需要在原工作表中一个专门的区域设置筛选条件，下面以图 3—36 中的数据作为操作对象，要求筛选出"总分大于 300 且计算机分数大于 80"的数据项，其条件区域设置如图 3—36 中的 J5：K6 单元格数据设置。

	A	B	C	D	E	F	G	H	I	J	K
1			本年度学生期末考试成绩表								
2	学号	姓名	英语	法律	会计学	计算机	总分	平均分			
3	05001	张兵	67	78	85	73	303	75.75			
4	05002	庞军华	75	70	75	68	288	72			
5	05003	李春	58	77	73	87	295	73.75		总分	英语
6	05004	胡光	78	54	90	76	298	74.5		>300	>80
7	05005	赵敏	85	67	55	72	279	69.75			
8	05006	佘曼	68	88	75	54	285	71.25			
9	05007	王丹	66	75	84	77	302	75.5			
10	05008	杨红	77	45	54	83	259	64.75			
11	05009	李艳	89	68	92	83	332	83			
12	05010	薛鲜艳	76	67	94	83	315	78.75			

图 3—36　高级筛选设置一

（2）单击工作表中的任一单元格。

（3）选择"数据"菜单中"筛选"命令下的"高级筛选"子命令，将弹出如图 3—37 所示的"高级筛选"对话框。

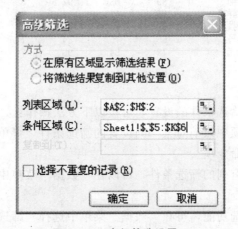

图 3—37　高级筛选设置二

（4）在该对话框中的"列表区域"和"条件区域"分别指定进行筛选的数据区域和作为筛选条件的条件区域，如图 3—37 所设置的区域所示；并在该对话框中根据需要进行其他选定设置。

（5）单击"确定"按钮完成筛选设置，如图 3—38 是本例的筛选结果。

其中，在设置条件时应注意：

可在多行和多列设置不同的筛选条件，其中不同行的条件关系为"或"（即多

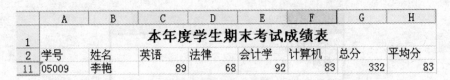

图 3—38 高级筛选结果

个条件只需要满足一个即可），同一行中的关系为"与"（即需要同时满足所有条件）关系。

若要撤销高级筛选功能，可在"数据"菜单中选择"筛选"命令下的"全部显示"子命令即可。

3.6.3 分类汇总

分类汇总可以按数据中的某一个字段进行分类，并对每一类别的数据进行求和、求平均值、记数等操作，并将分类计算的结果显示出来。下面介绍一下分类汇总的操作方法，本例按"系别"对图 3—36 中数据区域的数据计算各系学生计算机分数的平均分，其具体步骤为：

（1）对数据中要汇总的数据进行排序，排序的主关键字为要进行分类汇总的列，本例为"系别"。

（2）单击工作表中的任一单元格。

（3）选择"数据"菜单中的"分类汇总"命令，打开如图 3—39 所示的"分类汇总"对话框。

对话框中各字段的意义如下：

分类字段：通过下拉列表选择分类字段，该字段应该是作为关键字排序的字段，本例应选择"系别"；

汇总方式：在下拉列表中选择汇总方式，本例应选择"平均值"；

选定汇总项：在此列表中选择要汇总的一个或多个字段，本例选择"计算机"；

替换当前分类汇总：若进行本次汇总前，已进行过其他分类汇总，此项决定是否保留原汇总数据；

每组数据分页：每类汇总的数据是否单独占一页；

汇总数据显示在数据下方：决定每类汇总的数据是出现在该类数据的上方还是下方。

（4）根据需要在该对话框中设置后，点击"确定"按钮，显示汇总结果，如图 3—40 即为本例汇总后的样式。

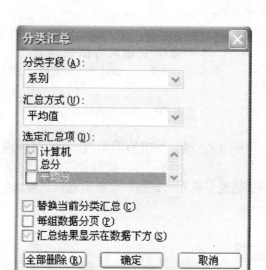

图 3—39 分类汇总设置

1 2 3		A	B	C	D	E	F	G	H	I
	1				本年度学生期末考试成绩表					
	2	学号	姓名	系别	英语	法律	会计学	计算机	总分	平均分
	3	05003	李春	电信系	58	77	73	87	295	73.75
	4			电信系 平均值				87		
	5	05010	薛鲜艳	法律系	76	67	94	78	315	78.75
	6			法律系 平均值				78		
	7	05007	王丹	会计系	66	75	84	77	302	75.5
	8	05004	胡光	会计系	78	54	90	76	298	74.5
	9			会计系 平均值				76.5		
	10	05001	张兵	计算机系	67	78	85	73	316	75.75
	11	05006	佘曼	计算机系	68	88	75	54	285	71.25
	12			计算机系 平均值				63.5		
	13	05009	李艳	新闻系	89	68	92	83	332	83
	14	05005	赵敏	新闻系	85	67	55	72	279	69.75
	15			新闻系 平均值				77.5		
	16	05008	杨红	英语系	77	45	54	83	259	64.75
	17	05002	庞军华	英语系	75	70	75	70	288	72
	18			英语系 平均值				75.5		
	19			总计平均值				75.1		

图 3—40 分类汇总结果

请大家仔细观察汇总后的界面，我们会发现在分类汇总表的左侧出现了摘要按钮"－"，该按钮所在的行就是汇总数据显示所在的行。单击该按钮，会隐藏该类数据，只显示该类数据的汇总结果，此时按钮会变成"＋"，单击"＋"按钮，数据将恢复原样显示。

在汇总表的上方设置有层次按钮1、2、3，单击按钮1，工作表中的数据只显

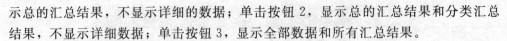

示总的汇总结果，不显示详细的数据；单击按钮 2，显示总的汇总结果和分类汇总结果，不显示详细数据；单击按钮 3，显示全部数据和所有汇总结果。

若要取消对数据进行的分类汇总，只需要打开"分类汇总"对话框后，点击"全部删除"按钮就可以了。

注意： 对数据进行分类汇总前，原数据一定要按分类汇总的列进行排序。

这就是我们要介绍的数据管理，若大家能够熟练应用程序提供的排序、筛选和汇总等功能，就会发现对大量数据进行分析已经变得异常简单和方便了。

3.7　图表编辑

图表功能是 Excel 2003 的又一大特色，它可以将工作表中相关数据以图表的方式显示出来，这样用户能更直观地分析数据的发展趋势或分布状况，能更好地理解数据间的相互关系。如本章案例中对学生成绩的数据生成的图表。

3.7.1　图表的建立

在 Excel 2003 中，可以建立两种类型的图表，一种是标准图表，另一种是自定义图表。下面介绍一下标准图表的建立步骤。

（1）选择要显示在图表中的单元格的数据。

（2）单击选择"插入"菜单中的"图表"命令，打开如图 3—41 所示的"图表向导"对话框，在该对话框的"标准类型"选项卡下，选择一种合适的图表类型，如柱形图、饼图等，并可以通过按下"按下不放可查看示例"按钮，对将生成的图表进行预览。

（3）单击"下一步"按钮，弹出如图 3—42 所示的"源数据"对话框。该对话框的"数据区域"列表框中显示了要包含在图表中的所有数据单元格，可以通过右边的折叠按钮对数据区域进行更改；在"系列产生在"选项组中，如选择"行"或"列"单选按钮，则表示图表的 X 轴上的数据以当前所选行或列来显示。设置好后，本例如图 3—42 显示。

（4）单击"下一步"按钮，显示如图 3—43 所示的"图表选项"对话框，在其中的"标题"选项卡中，输入图表的标题及其他相关内容；在"坐标轴"选项卡中设定 X 轴与 Y 轴的坐标分量，在其他的几个选项卡中，也可以根据需要进行设置。

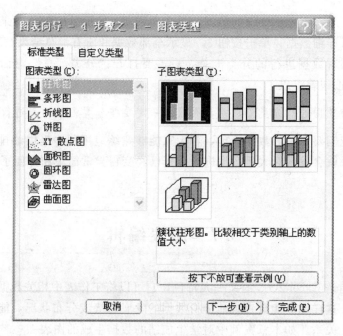

图 3—41 图表向导一

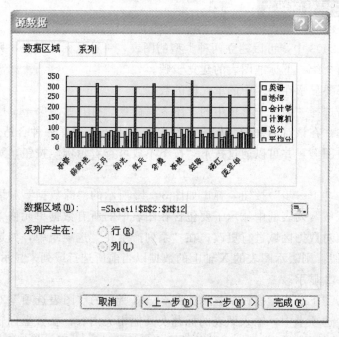

图 3—42 图表向导二

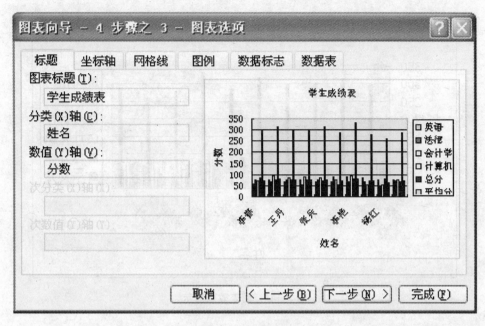

图 3—43　图表向导三

（5）单击"下一步"按钮，弹出如图 3—44 所示的"图表位置"对话框，用户根据需要来确定生成的图表的显示位置后，单击"完成"按钮，则显示生成的图表样式，本例生成的图表如图 3—45 所示。

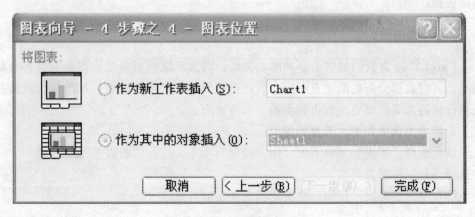

图 3—44　图表向导四

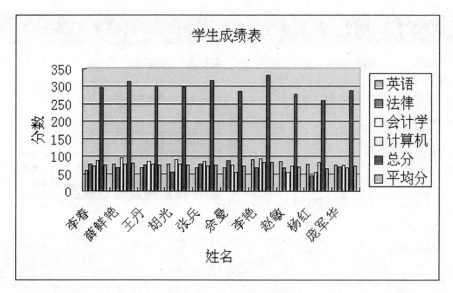

图3—45　图表效果显示

3.7.2　图表的编辑

当图表建立以后，我们可能因为其他需求需要对已经建立好的图表进行编辑，具体包括：

1　更改图表类型

Excel 2003为我们提供了多种图表类型。因为不同类型的图表都具有其各自的特点，其对数据分析的侧重点不同，因此当我们建立好图表以后，可能因为对数据其他分析的需要，要更改图表的类型。其方法为：

（1）单击选中要更改类型的图表。

（2）选择"图表"菜单下的"图表类型"命令，打开"图表类型"对话框，从中选择另外一种图表类型。

（3）单击"确定"按钮，将实现图表类型的转换。

2　修改图表数据

当图表建立好后，用户所指定的数据将显示在图表中，若对工作表中的数据进行添加、删除或修改，且修改的结果需要在对应的图表中反映出来，此时并不需要重新建立图表，只需对图表进行简单的编辑就可以了，这样就大大提高了工作效率。

（1）数据的添加

①在工作表中选定需要添加到图表中的数据系列。

②单击"编辑"菜单中的"复制"命令。

③选中被添加数据的图表后，单击"编辑"菜单的"粘贴"命令。

这样，需要添加的数据系列也将显示在图表中了。

（2）数据的删除

对某些已经显示在图表中的数据系列，有时需要取消其显示，可按如下方法操作：

选定该图表，然后在图表中选中需要删除的数据系列，按下 Delete 键，这样就能很方便地将图表中的某些数据系列删除，且对工作表中的原数据不产生任何影响。

（3）数据的修改

由于建立的图表与源数据具有引用关系，因此若我们在工作表中对数据进行修改以后，图表中相应的数据值也将自动地进行调整，这样就保持了图表与源数据的正确对应关系。

3　复制、移动和删除图表

图表创建以后，我们可以像操作图形一样对其进行简单的操作，其中包含对其复制、移动和删除。

（1）复制、移动图表

①选中要操作的图表。

②选择"编辑"菜单下的"复制"（复制）或"剪切"（移动）命令。

③在图表的目的位置，选择"编辑"菜单下的"粘贴"命令即可。

（2）删除图表

对图表的删除方法很简单，只需选中要删除的图表，在右键菜单中选择"清除"命令即可。

3.8　工作表的打印

Excel 2003 提供了许多可选设置，用来确定最后工作表的打印效果，下面简单介绍一下其用法。

1 打印预览

在工作表进行打印之前，一般先执行"文件"菜单下的"打印预览"命令，查看工作表的打印效果，这样可以在打印之前对页面做最后调整。执行该命令以后，窗口的样式如图3—46所示。

学号	姓名	英语	法律	会计学	计算机	总分	平均分
05003	李春	58	77	73	87	295	73.75
05010	薛鲜艳	76	67	94	78	315	78.75
05007	王丹	66	75	84	77	302	75.5
05004	胡光	78	54	90	76	298	74.5
05001	张兵	67	78	85	73	316	75.75
05006	佘曼	68	88	75	54	285	71.25
05009	李艳	89	68	92	83	332	83
05005	赵敏	85	67	55	72	279	69.75
05008	杨红	77	45	54	83	259	64.75
05002	庞军华	75	70	75	68	288	72

图3—46　打印预览效果

其窗口上方有一排应用按钮，包括：下一页、上一页、缩放、打印、设置、分页预览等，点击其按钮可以执行相应的命令。其中设置按钮执行"页面设置"命令，该对话框包括四个选项卡，分别为"页面"、"页边距"、"页眉/页脚"与"工作表"，下面就"工作表"选项卡的使用介绍一下，其他三个选项的设置与Word 2003方法基本相同，请大家自行学习掌握。

图3—47是"工作表"选项的界面显示，在该选项中，用户可以设置打印区域、打印标题、打印顺序等项目。

打印区域：若只需要打印工作表中的某一部分区域而非整张工作表，则可以通过其右侧的折叠按钮选择需要打印的区域。

打印标题：其中"顶端标题行"和"左端标题行"表示将工作表中的某一行或某一列在打印输出时作为每一页的水平标题或垂直标题，其设置方法为：

方法一：直接在对应的文本框中输入某些单元格的引用；

方法二：通过其右侧的折叠对话框，在工作表中选择需要作为打印行标题或列

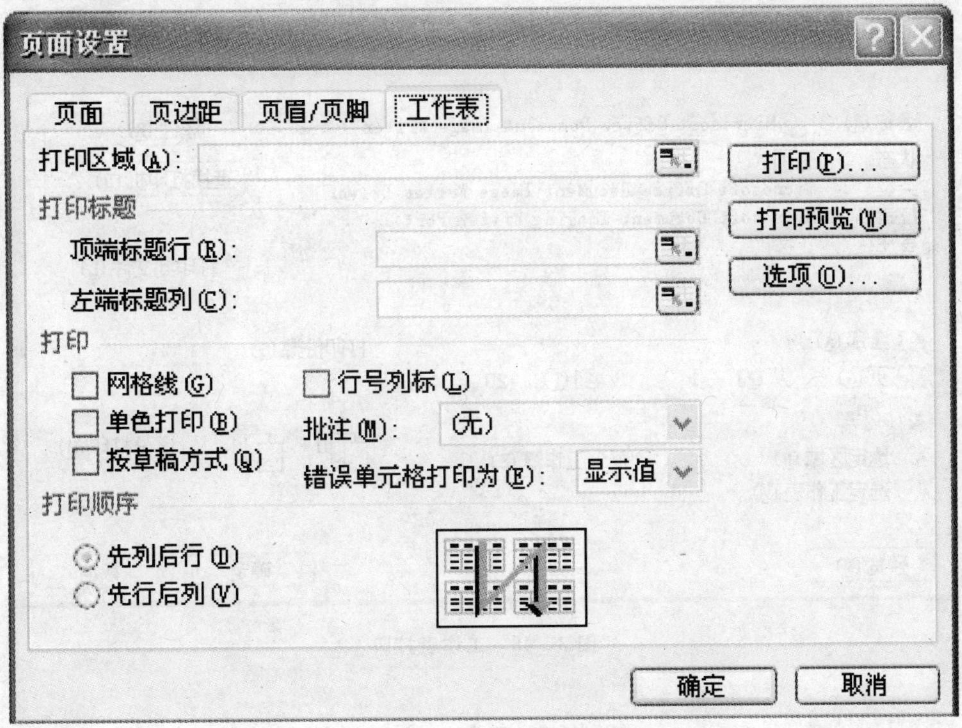

图 3—47　页面设置

标题的单元格。

打印：用来指定一些打印选项，例如是否打印网格线、批注、行号及列标等。

打印顺序：用来确定"先列后行"还是"先行后列"打印。

2　工作表打印

当通过打印预览对工作表的打印效果审查后，就可以直接将该电子表格送往打印机打印了。执行打印命令的方法很多，常用的有：

方法一：点击"文件"菜单下的"打印"命令。

方法二：单击"常用"工具栏上的"打印"按钮 ⑤ 。

启动该命令后，将打开如图 3—48 所示的"打印内容"对话框，用户在该对话框中根据实际需要进行简单的设置后，点击"确定"按钮就可以打印了。

通过这样的设置后，我们就可以打印出精美的工作表了。

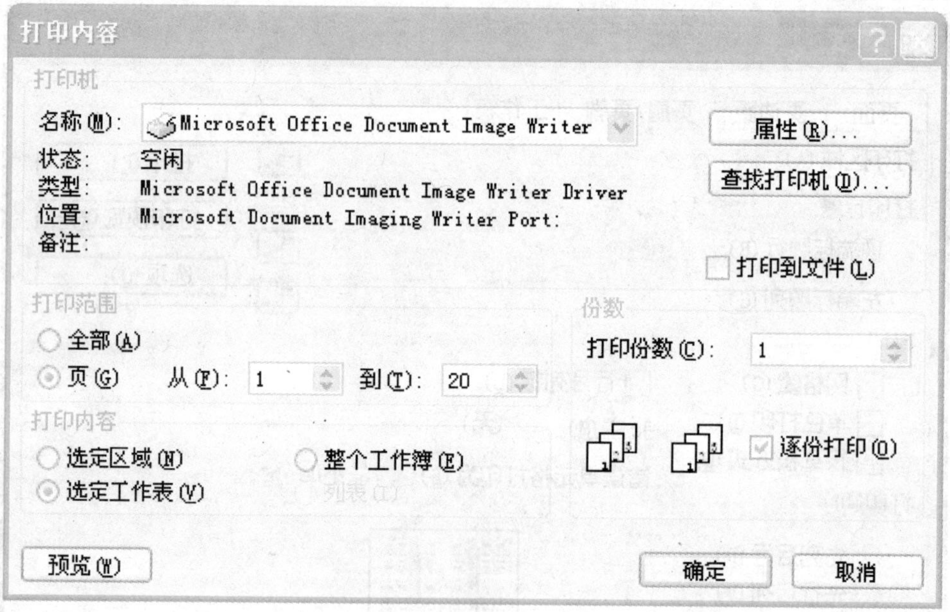

图 3—48　工作表打印

本章小结

在平时的实际工作中，我们会经常需要处理大量的数据，如果能够找到一个比较方便而且实用的软件，那样将为我们节省大量的时间。大家可以发现，Excel 2003 无疑是我们一直在寻找的那种软件。经过本章的学习后，希望大家能够认真掌握该软件的一些基本操作，并能够在实际工作中熟练应用。

复习题

一、选择题

1. Excel 2003 是 Microsoft Office 组件之一，它的主要作用是（　　　）。

　　A. 处理数据　　　　　　　　　　B. 处理文字

　　C. 处理演示文稿　　　　　　　　D. 创建数据库应用软件

2. Excel 2003 排序中，如果对某一列作排序，那么该列上有完全相同项的行将（　　）。

    A. 保持它们的原来次序 　　　　　　B. 按照逆序排列

    C. 显示出错信息 　　　　　　　　　D. 排序命令被拒绝执行

3. 在 Excel 2003 中，输入的文本型数据默认状态下在单元格中（　　）。

    A. 右对齐 　　　　B. 左对齐 　　　　C. 居中对齐 　　　　D. 不确定

4. 在 Excel 2003 中，输入完全由数字组成的文本字符时，应在前面加（　　）。

    A. 直接输入 　　　B. 双引号 　　　　C. 单引号 　　　　D. 句号

5. 在 Excel 2003 工作表中，将 C1 单元格中的公式＝＄A＄1 复制到 D2 单元格后，D2 单元格的值将与（　　）单元格中的值相等。

    A. B2 　　　　　　B. C1 　　　　　C. A1 　　　　　D. D2

6. 在 Excel 2003 中，若用户用 Shift 或 Ctrl 选中 8 个单元格后，此时其活动单元格的数目为（　　）。

    A. 一个单元格 　　　　　　　　　　B. 选中的 8 个单元格

    C. 所选单元格的区域数 　　　　　　D. 用户自定义的个数

7. 在 Excel 2003 的单元格内输入日期时，年、月、日之间的分隔符可以是（　　）。

    A. "." 或 "∣" 　　　　　　　　　　B. "－" 或 "/"

    C. "/" 或 "＼" 　　　　　　　　　　D. "－" 或 "＼"

8. 在 Excel 2003 中，（　　）是正确的区域表示法。

    A. a1♯d4 　　　　　　　　　　　　B. a1..d4

    C. a1：d4 　　　　　　　　　　　　D. a1＞d4

9. 在 Excel 2003 中，输入的数值型数据在默认状态下在单元格中（　　）。

    A. 左对齐 　　　　B. 右对齐 　　　　C. 居中对齐 　　　　D. 不确定

10. 在 Excel 2003 中建立的文件通常被称为（　　）。

    A. 工作表 　　　　B. 单元格 　　　　C. 二维表格 　　　　D. 工作簿

11. Excel 2003 中工作表底部的（　　）显示出活动工作簿中的工作表名。

    A. 状态栏 　　　　B. 编辑栏 　　　　C. 工作表标签 　　　D. 工具栏

12. Excel 2003 中对 A1，B2 单元格中的数值求和，正确的格式是（　　）。

    A. SUM（A1：B2） 　　　　　　　　B. ＝SUM（A1＋B2）

    C. ＝SUM（A1，B2） 　　　　　　　D. ＝SUM（A1：B2）

13. 在 Excel 2003 工作表编辑中具有对序列数据自动填充的快速输入功能，在以下各序列数据中，（　　）不能直接利用自动填充快速输入。

    A. 星期一、星期二、星期三、……

B. 第一类、第二类、第三类、……

C. 甲、乙、丙、丁、……

D. Mon、Tue、Wed、……

14. 在 Excel 2003 中，在单元格中输入（123）则显示值为（　　）。

A. －123　　　　B. 123　　　　　C. "123"　　　　D.（123）

15. 默认情况下，Excel 2003 新建工作薄的工作表数为（　　）。

A. 3 张　　　　B. 1 张　　　　C. 64 张　　　　D. 255 张

16. 在 Excel 2003 中，利用填充功能可以自动快速输入（　　）。

A. 文本数据　　　　　　　　B. 数字数据

C. 公式和函数　　　　　　　D. 具有某种内在规律的数据

17. 在 Excel 2003 中，工作表被删除后，下列说法正确的是（　　）。

A. 数据还保存在内存里，只不过是不再显示

B. 数据被删除，可以用"撤销"来恢复

C. 数据进入了回收站，可以去回收站将数据恢复

D. 数据被彻底删除，而且不可用"撤销"来恢复

18. 在 Excel 中执行存盘操作时，作为文件存储的是（　　）。

A. 工作表　　　B. 工作簿　　　C. 图表　　　D. 报表

19. 对于 Excel 工作表中的单元格，下列说法错误的是（　　）。

A. 不能输入字符串　　　　　B. 可以输入数值

C. 可以输入时间　　　　　　D. 可以输入年、月、日

20. 在 Excel 中进行条件格式设置，下面说法错误的是（　　）

A. 一次只能设置一个条件

B. 一次可以设置多个条件

C. 在进行条件设置时，能对数值型数据设置条件格式

D. 在进行条件设置时，能对字符型数据设置条件格式

二、填空题

1. Excel 工作簿文件的扩展名为_____。

2. Excel 2003 中数字串 089345 当作字符输入时，应从键盘上输入字符串_____。

3. 若要在单元格中输入分数 5/9，应当输入_____。

4. 若要在单元格中输入系统的当前日期，应当运用_____和_____的组合键。

5. 若要在 A1：A7 区域输入"星期一、星期二、……、星期日"，用自动填充方法是_____。

6. 在 Excel 2003 中，工作表的名称显示在工作簿底部的＿＿＿＿＿＿＿上。

7. 在 Excel 2003 中，一个工作表中最多有＿＿＿＿＿＿行和＿＿＿＿＿＿列。

8. 在 Excel 2003 的单元格引用中，可以将其分为＿＿＿＿＿＿、＿＿＿＿＿＿和＿＿＿＿＿＿三种。

9. 在 Excel 2003 中，如果要对数据进行分类汇总，必须先对分类字段进行＿＿＿＿＿＿操作。

10. 在 Excel 2003 的工作表中，向单元格中输入的数据可以有两种类型，分别为常量和＿＿＿＿＿＿。

讨论及思考题

1. Excel 工作区、工作簿和工作表三者之间有什么关系？

2. 如何选取工作表？

3. 如何完成工作表的插入、复制、移动、删除、改名？

4. Excel 菜单的"清除"和"删除"各有何意义？数据的移动和复制又有什么不同？

5. 如何在单元格中输入公式？怎样利用公式栏编辑公式？

第4章

PowerPoint 2003

【本章要点提示】
- 创建空演示文稿和利用模板创建演示文稿；
- 掌握幻灯片的基本操作如插入、移动、复制等；
- 能够设计、编辑幻灯片；
- 能够制作丰富、生动的动画效果。

【本章内容引言】

PowerPoint 是 Office 系列软件中的组件之一。通过它可以制作出图文并茂、感染力极强的演示文稿，使演讲者更能突出观点，吸引听众。PowerPoint 除了可以制作出图文并茂的幻灯片外，还增加了动画效果和多媒体功能。此外PowerPoint 还允许在幻灯片中加入声音解说、视频等，能制作出一个有声有色的多媒体演示文稿。在生活中的用途较为广泛，如制作课件、用于广告宣传、产品发布、学术会议等。本章从认识 PowerPoint 开始，通过具体实例的讲解逐步引导读者掌握 PowerPoint 的演示文稿的创建、编辑、插入图表、添加动画效果等操作。

4.1　PowerPoint 的界面

4.1.1　PowerPoint 的窗口介绍

在"开始"菜单的"程序"子菜单中单击"Microsoft PowerPoint"命令，启动 Power-Point 程序，该程序窗口包括标题栏、菜单栏、常用工具栏、格式工具栏、绘图工具栏、编辑区和状态栏等部分。如图 4—1 所示。

标题栏

"常用"工具栏

大纲编辑窗口

视图切换按钮

备注栏

菜单栏

"格式"工具栏

任务窗格

幻灯片编辑区

"绘图"工具栏

状态栏

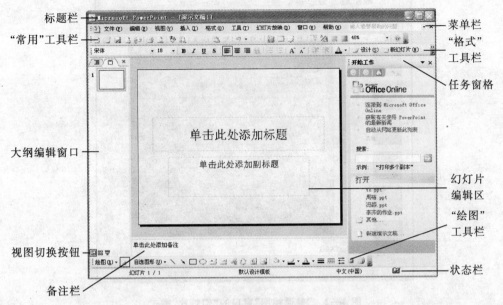

图 4—1　PowerPoint 2003 的工作界面

4.1.2　PowerPoint 的视图

与 Word 一样，PowerPoint 也有几种视图模式，包括"普通"视图、"幻灯片浏览"视图和"幻灯片放映"视图等。每种视图都有其特定的工作区和相关的按钮，不同的视图，演示文稿的显示方式不同，对演示文稿加工的方式也不同。

1 "普通"视图

单击"视图切换区"的"普通视图"按钮 ，切换到普通视图。在普通视图下又分为大纲和幻灯片两种模式。如图 4—2 所示的是幻灯片模式。"幻灯片模式"便于调整、修饰幻灯片，"大纲模式"方便组织和编辑幻灯片的内容。

2 幻灯片浏览视图

单击"幻灯片切换区"的"幻灯片浏览视图"按钮 ，切换到"幻灯片浏览"视图。如图 4—3 所示。

在"幻灯片浏览"视图里，不能直接对幻灯片内容进行编辑，主要是当幻灯片基本

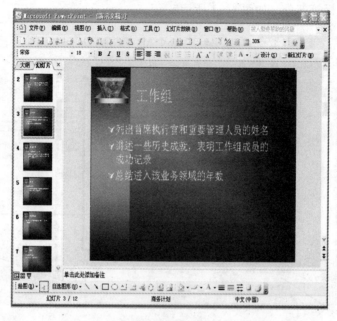

图 4—2 "普通视图"窗口的"幻灯片"模式

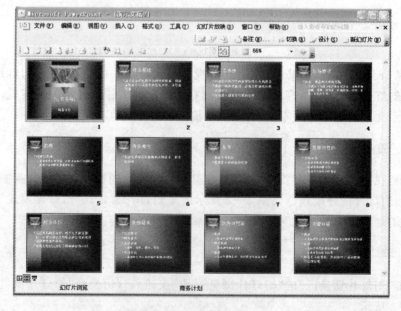

图 4—3 "幻灯片浏览"视图

编辑好后从整体上查看所有幻灯片的效果,在此视图中更加方便对幻灯片进行移动、复制、删除和隐藏等操作。

4.2　本章实例分析

制作图文并茂的幻灯片,如图 4—4、图 4—5 所示。

图 4—4　实例图 a

实例分析:

【本例所含要点】

1. 新建幻灯片:创建演示文稿。

2. 应用设计模板:"设计模板"是 PowerPoint 中预置的幻灯片格式,方便用户建立拥有统一的背景图形、配色方案的幻灯片。

3. 输入文本:利用文本框输入文字。

4. 调整文本:调整合适的字体、大小、字型和文字颜色等。

5. 插入新幻灯片:插入新的幻灯片。

6. 设置背景:设置颜色背景。

为了能上学，这双脚每天都要

跋涉两个小时山路。

冬天大雪封山也不例外。脚的主人说，

他从来没有迟到过。

这个女孩在酷热的7月还穿着厚厚的衣服。这是她唯一一件衣服。

徐本禹多次提到，他最受不了的就
是孩子们的眼睛。在这次考察过程
中，我们特地注意观察那些孩子们
的眼睛。在回来整理这些照片时，
我们一次又一次受到震动。

图 4—5　实例图 b

7. 插入图片：插入图片，增加视觉效果。

【操作步骤】

1 新建一个空的演示文稿

在"文件"菜单下单击"新建"命令，打开任务窗格中的"新建演示文稿"面板。单击该面板中的"空演示文稿"命令，在任务窗格上出现 31 个可够选择的幻灯片版式，如果缺省选择则为第一种版式。此例我们选择"空白"版式。如图 4—6 所示。

2 根据设计模板创建演示文稿

在任务窗格中的下拉菜单中选择"幻灯片设计"命令，如图 4—7 所示。打开"设计模板"面板，在"应用设计模板"列表中可以看到各模板的缩略图，单击模板所对应的图标应用该模板。如图 4—8 所示。

提示：默认情况下，应用的版式是标题幻灯片。用户可以在任务窗口中选择其他版式。这些模板只是预设了格式和配色方案，用户可以根据自己的主题进行修改。

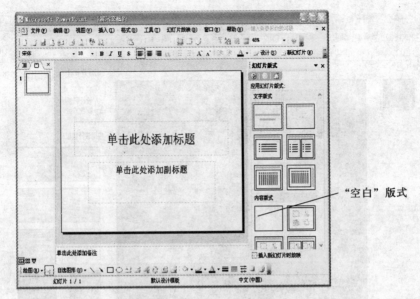

图 4—6 建立空演示文稿

3 输入文字

单击"绘图"工具栏上的"文本框"按钮,在要输入文字的地方拖出一个文本框,在文本框中输入文字"向徐本禹同学学习报告会",再按上述方法输入文字"时间、地点"如实例图 a 所示。

提示:在 PowerPoint 中不能像 Word 里一样单击光标后在插入点直接输入文字,要在幻灯片里输入文本必须借助"占位符",占位符就是在新建幻灯片时出现的方框。例如,图 4—6 中的"单击此处添加标题"虚线框就是占位符。如果想在没有占位符的地方输入文本,就必须使用"文本框"工具。

4 调整文字

先双击文本框边框或选中文字"动画设计讲座",再单击"格式"菜单下的"字体"命令打开"字体设置对话框",如图 4—9 所示,设置字体为"宋体",字号"44",颜色"黄色"。

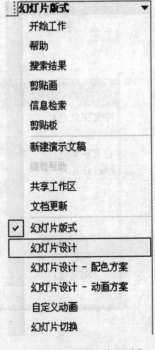

图 4—7 "幻灯片设计"

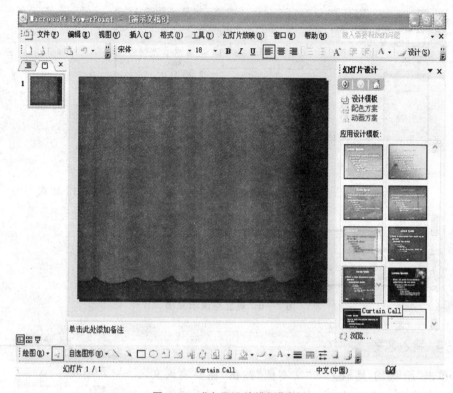

图4—8 "应用设计模板"面板

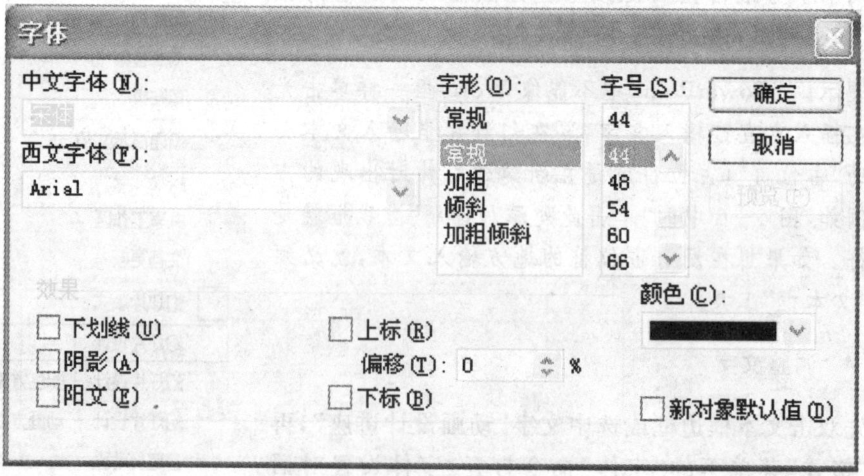

图4—9 "字体"设置对话框

5　插入新幻灯片

演示文稿往往由多张幻灯片组成,选择"插入"菜单下的"新幻灯片"命令,即可插入一张新的幻灯片。

提示: 按组合键 Ctrl+M 或选中一张幻灯片图标后按回车键都可以插入一张新的幻灯片。如果在制作过程中发现有遗漏的部分需要添加幻灯片,也可用以上几种方法插入新幻灯片进行编辑。

6　设置背景

由于本例用到了设计模板,所以新插入进来的幻灯片和前一张幻灯片的背景一样。可以利用"背景"对话框来改换或设置幻灯片的背景。

在第二张幻灯片空白处单击右键,在弹出的快捷菜单中选择"背景"命令,打开"背景"对话框,如图 4—10。首先选中"忽略母版的背景图形"按钮,取消设计模板对本张幻灯片背景的影响。再在下拉菜单中单击"填充效果"选项,打开"填充效果"对话框,如图 4—11。

在"填充效果"对话框的颜色选区中选中"双色"按钮,在"颜色 1"的下拉菜单中选择"浅蓝色",在"颜色 2"的下拉菜单中选择"白色"。在"底纹样式"选区中选择"斜上"

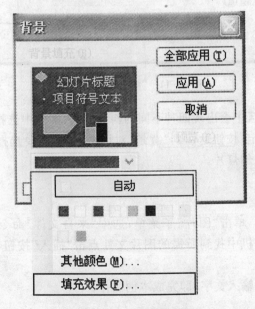

图 4—10　"背景"对话框

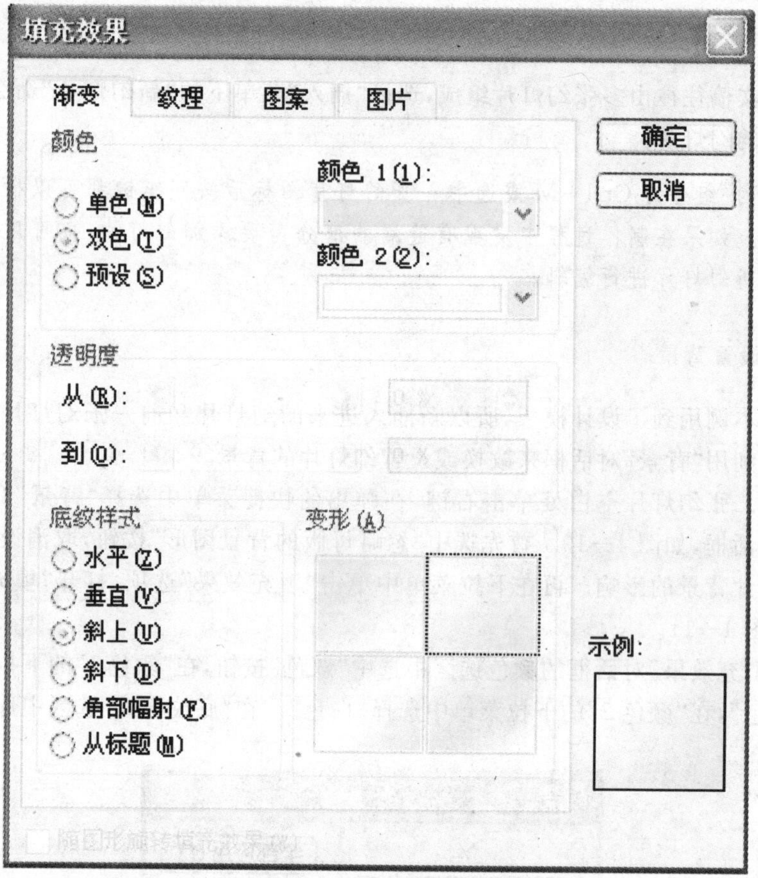

图 4—11 "填充效果"对话框

的样式,在"变形"选区中会出现四种不同的斜上样式,本例中选择的是第二种斜上样式。设置好后按"确定"按钮返回到"背景"对话框,根据需要选择"应用"将设置好的背景效果应用于该张幻灯片。

7 插入图片

在"插入"菜单中,单击"图片"子菜单,选中"来自文件"命令,在打开的"插入图片"对话框中,从计算机中找到所需的图片文件点击"插入"按钮,图片即被插入幻灯片中。

再为该张幻灯片输入文字,即完成本例制作。

4.3　PowerPoint 2003 的其他基本操作

演示文稿是一系列的幻灯片的集合，指的是 PowerPoint 文件，扩展名是 .ppt。演示文稿中的每一页称为幻灯片，两者是不同的概念。

4.3.1　移动幻灯片

在制作幻灯片的过程中可以根据需要对幻灯片的排列位置进行调整。一般在"幻灯片浏览"视图中调整更为方便。方法如下：

(1)切换到"幻灯片浏览"视图。

(2)在要移动的幻灯片上按下左键并拖动鼠标，可以看到鼠标移动时有一条灰色的竖线跟着移动，这条竖线标志着松开鼠标后该幻灯片所到达的位置。

4.3.2　复制幻灯片

如果要制作两张一模一样的幻灯片，可用"幻灯片副本"命令复制幻灯片。

(1)选中要复制的幻灯片。

(2)选择"插入"菜单下的"幻灯片副本"命令，即可在该幻灯片后复制出一张与之相同的幻灯片。

也可以直接选中要复制的幻灯片，复制、粘贴到演示文稿的其他位置或是另外的演示文稿中。

4.3.3　删除幻灯片

选中要要删除的幻灯片按 Delete 键即可将其删除。如果要一次删除多张幻灯片，可在"幻灯片浏览"视图中按住 Ctrl 键一次性选中多张要删除的幻灯片，再按 Delete 即可。

1 插入表格

单击"插入"菜单下的"表格"命令打开如图 4—12 所示的"插入表格"对话框,填入所需的列数和行数单击"确定"按钮,即可在幻灯片中插入表格。

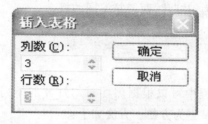

图 4—12 "插入表格"对话框

2 修饰表格

表格插入好以后可以对表格进行修饰使表格更加美观,方法如下:

在表格的边框上右击,在弹出的快捷菜单中选中"边框和填充"命令,或是双击表格的边框,打开"设置表格格式"对话框。如图 4—13 所示。

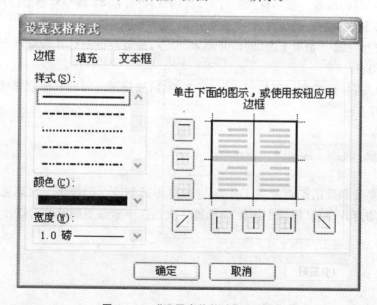

图 4—13 "设置表格格式"对话框

　　"设置表格格式"对话框有三个选项卡："边框"、"填充"和"文本框"。

　　(1)"边框"选项卡窗口分两个部分,窗口的左半部分提供修改表格的边框样式、边框颜色、边框宽度等选择列表,右半部分是控制表格中各边框线的按钮及整个表格的预览图示。

　　提示:在修改了边框信息后,一定要双击代表各边框线的按钮,修改才能被应用,否则所作的修改将无效。

　　(2)"填充"选项卡的功能是:用来对表格进行颜色填充。可以对整个表格进行颜色的填充,也可以只对指定的单元格进行颜色的填充。例如,对图 4—14 中的第一行三个单元格进行颜色填充,步骤如下:

　　选中表格的第一行,打开"填充"选项卡,在"填充颜色"的下拉列表中选择合适的颜色或效果。选择好后可单击"预览"查看效果,如果满意再单击"确定"按钮。效果如图 4—14 所示。

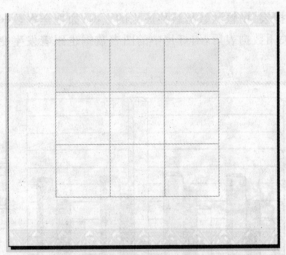

图 4—14　填充单元格效果图

　　(3)"文本框"的作用是:对表格中的文本的对齐、内边距进行设置。还可以将文本旋转 90 度。如图 4—15 所示。

4.3.5　插入图表

　　图表比单纯的数据和表格更能形象地反映数据信息。插入图表的方法如下:

　　单击"插入"菜单下的"图表"命令,出现一个样本图表和一个样本数据表,如图

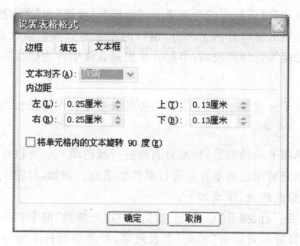

图 4—15 "文本框"选项卡

4—16,在样本"数据表"中输入数据替换原来的数据,如把样本数据表的第一行中"季度"换成"车间",关闭数据表后,幻灯片中的图表数据也跟着发生变化,如图 4—17 所示。

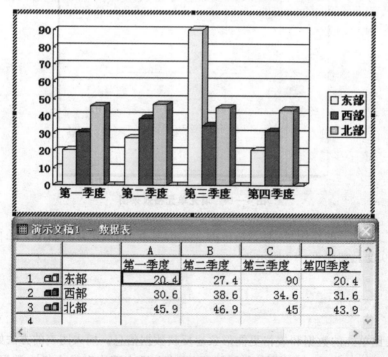

图 4—16 样本数据表和样本图表

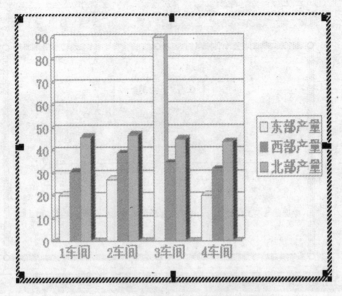

图 4—17 根据填写的数据建立的图表

提示：可以把 Excel 中的图表直接复制过来。编辑幻灯片中的图表方法与在 Excel 中一样。

4.3.6 插入组织结构图

组织结构图是反映组织结构的图表，它能更形象地体现各组织的结构关系。例如，利用组织结构图表现某公司人员结构关系。步骤如下：

（1）选择"插入"菜单下的"图片"子菜单中的"组织结构图"命令，插入一个组织结构图如图 4—18 所示，在插入的组织结构图边会弹出"组织结构图"的工具栏。

（2）单击相应的图标即可输入内容。

（3）要在"组织结构图"中添加新的图框，单击"组织结构图"工具栏上的"插入形状"下拉列表，从中选择要添加的关系级别。

例如，在总经理下面添加一个总经理助理的图框。选中最上面的总经理图框后在"插入形状"下拉列表中选择"助手"命令即可为其添加一个下属关系级别的图框。如图 4—19 所示。

（4）利用"组织结构图"工具栏，还可以改变组织结构图的版式、进行缩放和修改样式等操作。

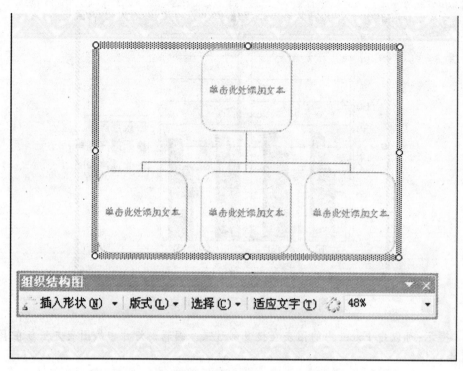

图4—18 插入的"组织结构图"及"组织结构图"工具栏

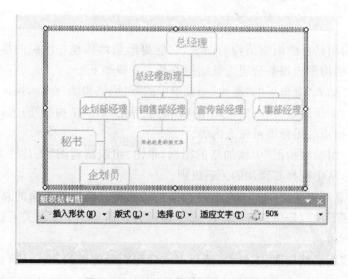

图4—19 添加新图框的组织结构图

在幻灯片中不但可以插入图片,还可以插入声音和影片等多媒体对象。

1　插入声音文件

可以插入"剪辑管理器中的声音",也可以插入在网上下载的声音或是 CD 中的音乐。在幻灯片中插入声音的方法如下:

(1)选中要插入声音的幻灯片。

(2)选择"插入"菜单下的"影片和声音"子菜单下的"文件中的声音"命令,弹出"插入声音"对话框。

(3)在计算机中找到要插入的声音文件。单击"确定"按钮。弹出对话框如图4—20,询问在幻灯片放映时以何种方式播放声音。

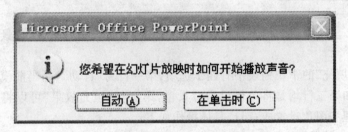

图 4—20　确认播放声音方式提示框

(4)如果需要在幻灯片放映时自动播放声音则点击"自动"按钮,幻灯片上将插入一个小喇叭状的声音图标。如果点击"在单击时"按钮,则放映幻灯片时声音不会自动播放,只有当点击代表该声音的喇叭图标时声音才能播放。

一个演示文稿中可以插入一个或多个声音文件。每个声音文件的图标都是一样的,因此在插入多个声音文件时注意放在相应的标题旁或加以文字说明。

提示: 不是所有的声音格式都能插入到幻灯片中,有时在网上下载的声音文件如果插入到幻灯片中无法播放,请查看该声音的格式是否正确。可以在幻灯片上插入的声音有:MIDI 音乐、CD 中的音乐、.mp3 格式的音乐和 .wav 格式的音乐等。

2　插入影片

可以插入"剪辑管理器中的影片",也可以插入自制的小影片。方法如下:

选择"插入"菜单中的"影片和声音"菜单下的"剪辑管理器中的影片"命令,在任务栏上弹出剪辑管理器中的影片缩略图,在要插入影片的缩略图上双击,或直接将其拖放到幻灯片中,该影片即被插入到幻灯片中。如果要插入其他的影片,可以选择"插入"菜单下"影片和声音"子菜单中的"文件中的影片"命令,在计算机中找到需要的影片文件,再点击"确定"按钮。方法与插入"文件中的声音"文件类似。

4.4　设计统一风格的幻灯片

在做一个主题的演示文稿时,有时需要这一主题中的幻灯片有一个统一的风格,比如一致的背景、相同的版式、相似的配色方案等。

4.4.1　背景设置

除了 4.2 实例中讲解的背景设置外,还有几种背景设置。打开"背景"对话框,参见图 4—10。

在"背景填充"的下拉列表中有四个选项:第一行为"自动",是当前模板的背景颜色。第二行和第三行均是将单色设为背景色,第五行"填充效果"可以将较复杂的颜色、图案、纹理和图片设置成背景,具体操作如下:

选中"填充效果"选项,打开"填充效果"对话框,参见图 4—11。

"填充效果"对话框有四个选项卡:

(1)"渐变"选项卡。渐变是颜色间的过渡效果。在"渐变"选项卡的"颜色区"有三个选项:

- 单色,是指一种颜色的深浅过渡。
- 双色:两种颜色之间的过渡
- 预设:是系统提供的几种颜色过渡方案。

在"底纹样式"区还提供了多种渐变样式。

(2)"纹理"选项卡。PowerPoint 预设了多种纹理,如纸品、木纹、大理石纹等。如图 4—21 选中一种纹理设置成背景。也可以将计算机中其他的纹理图片文件设置成背景。单击"其他纹理"按钮即可在计算机中查找纹理图片。

(3)"图案"选项卡。PowerPoint 预设了几十种图案样式。如图 4—22 用户可以在"前景"、"背景"的下拉列表中为图案选择颜色。

(4)"图片"选项卡。点击该选项卡中的"选择图片"可以把计算机中存放的图片设为幻灯片背景。

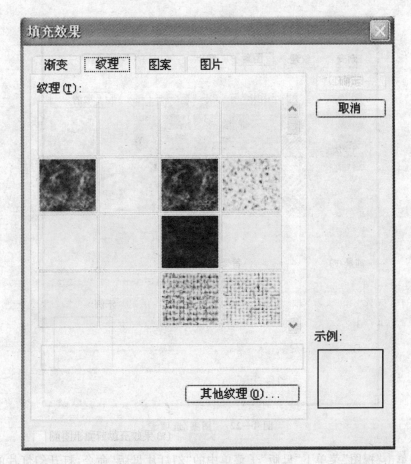

图 4—21　"纹理"对话框

　　设置好背景样式后,单击"确定"按钮,返回"背景"对话框,如果单击"应用"则该背景只应用到当前幻灯片中,如果点击"全部应用"按钮则应用到所有的幻灯片中。

　　4.4.2　幻灯片母版的设置

　　幻灯片母版存储了幻灯片的格式信息,这些信息包括字型、占位符的大小和位置、背景设计和配色方案。利用幻灯片母版可以很方便地制作相同格式的幻灯片,而且在修改上也非常方便,只用更改该母版信息,基于该母版的所有幻灯片都会发生相应的更改。创建幻灯片母版方法如下:

　　(1)打开一个演示文稿。

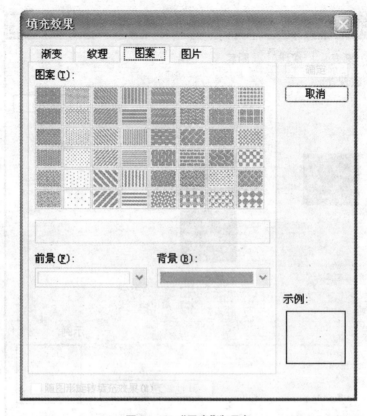

图 4—22 "图案"选项卡

(2)单击"视图"菜单下"母版"子菜单中的"幻灯片母版"命令,打开幻灯片的编辑窗口,如图 4—23 所示。

(3)单击要更改的占位符,编辑样式。

编辑好母版后关闭母版,回到幻灯片编辑状态,插入的新幻灯片跟母版具有相同的格式。

并非每张幻灯片都要跟母版一模一样,如果要改变某张幻灯片上的部分,例如改变某张幻灯片上的背景:

打开"背景"设置对话框,在下拉列表中选择背景颜色或填充效果,这样修改的背景有时会仍带有原母版的背景图案,如果不想受其影响,可选中"忽略母版的背景图形"选项。修改好背景后按"应用"按钮将修改应用于该张幻灯片。

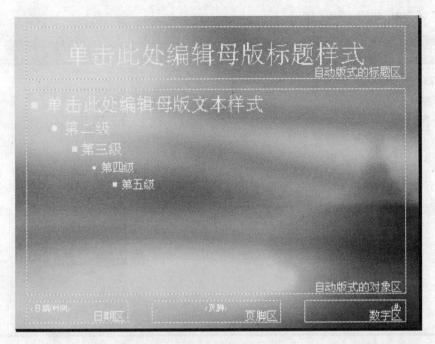

图 4—23 编辑幻灯片母版

4.4.3 配色方案

配色方案由幻灯片设计中使用的八种颜色组成：背景、文本和线条、阴影、标题文本、填充、强调和超链接等颜色。

1 应用配色方案

在任务窗口"格式"栏菜单中选择"幻灯片设计—配色方案"打开"配色方案"面板，显示出 PowerPoint 提供的幻灯片的配色方案。单击选中一款配色方案，该配色方案就将应用到当前幻灯片中。如果打开配色方案下拉列表选择"应用于所有幻灯片"，则该配色方案将应用于所有的幻灯片中。

2 修改配色方案

当对 PowerPoint 提供的配色方案都不满意时，可以对配色方案进行修改。方法如下：

（1）在任务窗口的"配色方案"空格中，点击"编辑配色方案"选项打开"编辑配色方案"对话框,如图 4—24 所示。

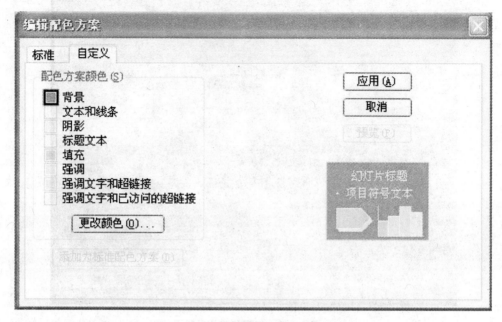

图 4—24 "编辑配色方案"对话框

(2)打开"自定义"选项卡,该选项卡左边是可供修改的 8 种颜色项目,右边是预览区。选中要修改的颜色,例如选中"背景"再单击"更改颜色"按钮,在弹出的颜色对话框中选择合适的颜色,点击"确定"即可在预览区中查看修改效果,也可以点击"预览"按钮在幻灯片中查看修改的效果,如果对所作修改满意点击"应用"按钮,反之点击"取消"按钮取消修改。

点击"添加为标准配色方案",用户可以把自己定义的配色方案保存为新的系统配色方案。

4.5 设置幻灯片的动画效果

PowerPoint 提供了一些动画效果,能制作出具有动感的演示文稿,增强放映的效果。

4.5.1　自定义动画

在动画设置上 PowerPoint 2003 较之以前的版本有了很大的改进。可以给一个对象设置多种动画效果,在放映时可以让多个对象同时或逐个以不同的动作出现,使动画效果更丰富,大大增强了视觉效果。

PowerPoint 2003 中预设了一些动作,使用起来十分方便。方法如下:

(1)选中要设置动画效果的幻灯片。

(2)选中"幻灯片放映"菜单下的"动画方案"命令,打开"幻灯片设计"任务窗格。如图 4—25 所示。

图 4—25　"自定义动画"任务窗格

(3)选中幻灯片中要设置动画的元素,如图 4—25 中的文本框"海的女儿"。

(4)单击"自定义动画"窗格中的"添加效果"按钮,在该按钮的下拉列表中可以看到有"进入"、"强调"、"退出"、"动作路径"等子菜单,各子菜单下包含几个常用的动画效果,如图 4—26,点击"其他效果"选项打开"添加进入效果"对话框如图 4—27,有更多的动画效果可供选择。

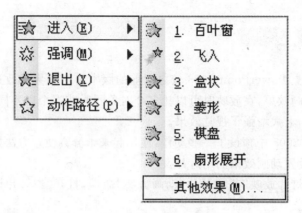

图 4—26 设置动画效果

图 4—27 "添加进入效果"对话框

（5）单击选中一种动画效果，该效果即被应用到幻灯片中对应的元素中。

选择好动画效果后，可以对该动作的属性进行进一步的设置，如图 4—28 对于选定的"陀螺旋"这一动作，可以对"开始"、"数量"、"速度"等方面对其进行进一步的设置。可以直接在该动作的下拉列表中修改，也可以在该动作上双击，打开该动作的属性对话框，进行修改。

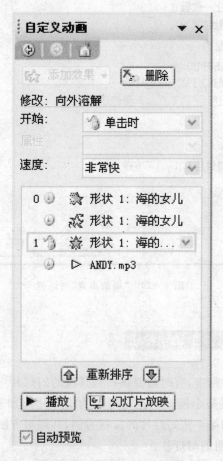

图 4—28　修改动作任务窗格

如果对该工作不满意可以在列表中选中该动作后，点击"更改"更换其他动作效果，或点击"删除"按钮删除该动画效果。

对于幻灯片中插入的声音，也可以进行具体的设置。在"自定义动画"任务窗格的下拉列表中双击该声音的选项，打开"播放声音"对话框，如图 4—29 所示。

在"播放声音"对话框中，可以设置声音的播放、停止、音量、声音图标等属性。

图4—29　"播放声音"对话框

4.5.2　为幻灯片添加动作按钮

在幻灯片的放映过程中,有时需要跳转到其他的幻灯片上,也可能需要控制播放影片、声音等,或者链接某个网站。这时可以为幻灯片添加动作按钮来实现这些操作。以做一个能返回到第一张幻灯片的按钮为例,其编辑方法如下:

(1)选中要添加按钮的幻灯片。

(2)单击"幻灯片放映"菜单下的"动作按钮"子菜单,系统提供了几种动作按钮,选择一种按钮样式。如图4—30所示。

(3)选择好动作按钮后,当鼠标移动到幻灯片上时会变成一个空心十字,按下鼠标在幻灯片上拖动画出一个动作按钮。

(4)当放开鼠标时会弹出一个"动作设置"对话框,如图4—31。

(5)打开"超链接到"的下拉列表,从中选择"第一张幻灯片",点击"确定"按钮。返回到第一张幻灯片的动作按钮即设置完成。

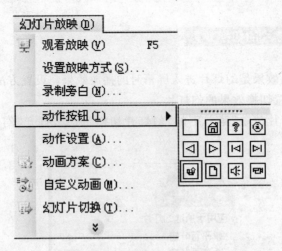

图 4—30　选择动作按钮样式

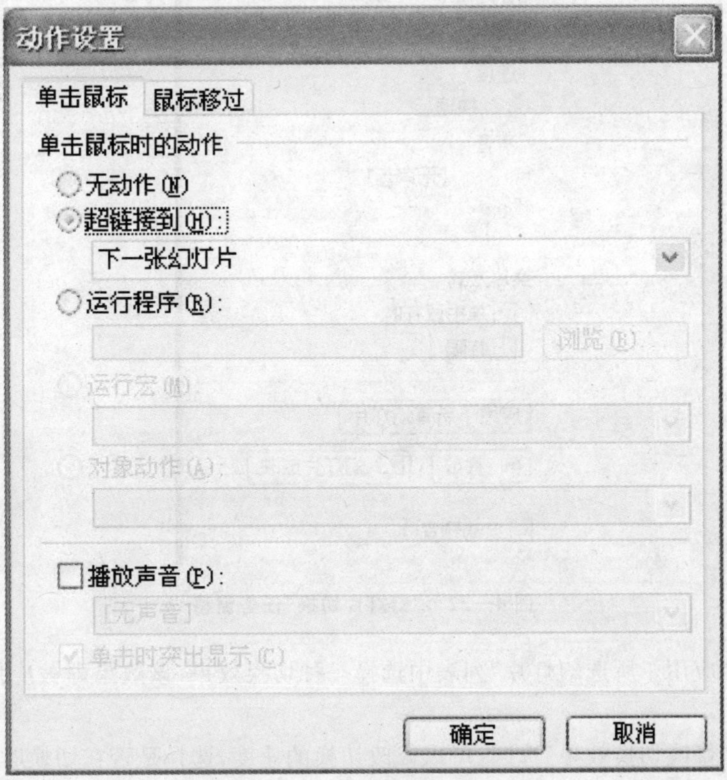

图 4—31　"动作设置"对话框

4.5.3 幻灯片的切换效果

幻灯片的切换效果是幻灯片进入屏幕时的播放效果。设置方法如下。

(1)选中要设置切换效果的幻灯片。

(2)单击"幻灯片放映"菜单下的"幻灯片切换"命令,打开"幻灯片切换"任务窗格。如图4—32。

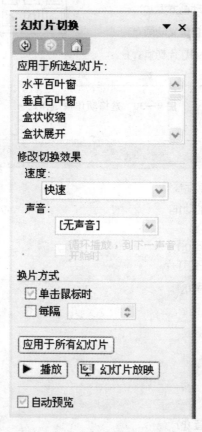

图4—32 "幻灯片切换"任务窗格

(3)在"应用于所选幻灯片"列表中选择一种切换效果,该效果即被应用到当前的幻灯片中。

(4)在"修改切换效果"选区,可以修改切换的速度,选择是否在切换时播放声音。

(5)在"换片方式"选区中,可以设置幻灯片切换的响应方式,换片方式有两种,手动切换必须单击鼠标时才能切换,另一种是自动,输入间隔时间来控制切换。

(6)设置好切换效果后,单击"应用于所有幻灯片"按钮,将设置应用到整个文稿的幻灯片上。

4.6　演示文稿的放映设置

演示文稿制作完成后,可以播放幻灯片展示制作效果。

4.6.1　自定义幻灯片放映顺序

在默认的情况下,幻灯片都是按建立时的先后顺序播放。用户也可以根据需要自定义幻灯片的放映顺序。过程如下:

(1)单击"幻灯片放映"菜单下的"自定义放映"命令,在弹出的窗口中点击"新建"按钮,打开"定义自定义放映"对话框,如图 4—33。

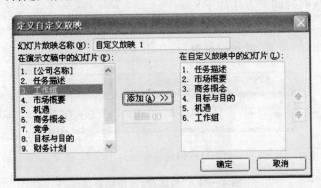

图 4—33　"定义自定义放映"对话框

(2)在"在演示文稿中的幻灯片"列表中选中要播放的幻灯片,点击"添加"按钮,就能把该幻灯片添加到右边的"在自定义放映中的幻灯片"列表中去。

(3)在"在自定义放映中的幻灯片"列表中可以调整各幻灯片的顺序,也可以选中幻灯片将其从自定义列表中删去。设置完成后,按"确定"按钮,完成幻灯片的自定义放映设置。

提示:要一次添加多张幻灯片可在选择幻灯片时按住 Shift 或 Ctrl 键。

4.6.2 幻灯片的放映

当演示文稿编辑完成后,可以放映查看其效果,启动放映幻灯片的方法常用的有以下几种:

(1)单击"幻灯片放映"菜单下的"观看放映"命令。

(2)点击"切换视图区"的"幻灯片放映"视图按钮。

(3)直接按 F5 键。

提示:按 F5 键或点击"观看放映"命令,将从演示文稿的第一张开始放映,如果要从中间某张幻灯片开始放映,在选中要放映的幻灯片后,点击"幻灯片放映"视图按钮,即可从选择的那张幻灯片开始放映。

 4.6.3 排练计时

在幻灯片放映时可以通过手动控制幻灯片的放映,也可以通过"排练计时"精确控制幻灯片的放映时间。方法如下:

(1)单击"幻灯片放映"菜单下的"排练计时"命令,幻灯片从第一张开始放映,在屏幕的左上角出现"预演"时间控制窗口,如图 4—34。

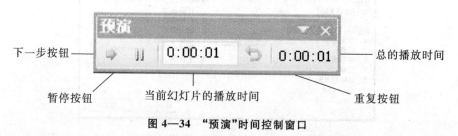

图 4—34 "预演"时间控制窗口

(2)"预演"窗口可以很清楚地看到每张幻灯片播放的时间,按空格或是单击鼠标切换到下一张幻灯片的放映,当播放完最后一张幻灯片时,会弹出一个对话框询问是否保留排练的时间。按"是"按钮,以后再播放该演示文稿时就会按这次记录的排练播放时间放映。

 4.6.4 设置绘图笔

在幻灯片放映时,在默认情况下鼠标是以指针形式显示的。用户可以根据放映时的需要,改变鼠标形式。比如,在放映过程中需要对幻灯片上的内容加以重要说明时,可以把鼠标指针设置成绘图笔,便于放映时在屏幕上添加说明。方法如下:

(1)播放演示文稿。

(2)在屏幕上单击鼠标右键,在弹出的快捷菜单中找到"指针选项",在它的下级菜单中可以看到几种鼠标指针的样式,如图 4—35。

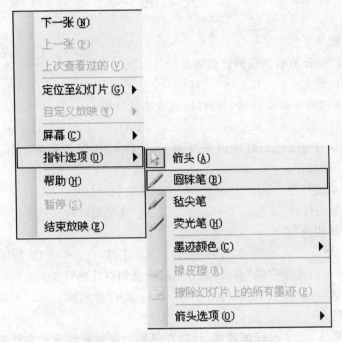

图 4—35　设置放映时鼠标指针形式

3.选择一种指针形式,此时鼠标指针会变成对应的样式。可以在屏幕上进行书写和绘图。

在"墨迹颜色"命令中,可以修改鼠标绘笔的颜色。当播放完最后一张幻灯片时,屏幕会弹出一个对话框询问是否保留绘笔的墨迹。

本章小结

PowerPoint 是一款很实用的软件,在日常生活、工作中经常用到。一套图文并茂、有声有色的幻灯片更能吸引听众、加深印象,为演讲者提高报告效果。Power-

Point 软件易学易用,通过本章的学习,能独立制作出感染力极强的演示文稿,为以后的工作、学习提供帮助。

复习题

一、选择题

1. PowerPoint 演示文稿的扩展名是( )。
   A. ppt   B. pwt   C. xls   D. doc

2. 在放映过程中如果要结束幻灯片的放映可以按( )。
   A. Esc   B. Ctrl   C. Alt   D. Ctrl+X

3. 在 PowerPoint 的幻灯片浏览视图下,按住 Ctrl 键并拖动幻灯片,可以完成( )的操作。
   A. 移动幻灯片   B 复制幻灯片
   C. 删除幻灯片   D. 选定幻灯片

4. "幻灯片切换"在( )菜单下。
   A. 格式   B. 幻灯片放映   C. 工具   D. 视图

5. 使用( )菜单中的"背景"命令可以改变幻灯片的背景。
   A. 格式   B. 文件   C. 幻灯片放映   D. 工具

二、填空题

1. 切换到_____视图模式,可以在屏幕上同时看到演示文稿中的所有幻灯片,便于对幻灯片进行删除和移动等操作。

2. 如果没有占位符,应借用_____将文字输入到幻灯片上。

3. 要删除一张幻灯片,只需在选中该幻灯片后按_____键即可将该幻灯片删除。

4. 在 PowerPoint 中,只有将"母版"_____后才能继续编辑幻灯片。

5. 在 PowerPoint 中可以通过_____给幻灯片中的每个对象添加动画效果。

6. 要放映幻灯片时,可以直接按_____键进行放映。

三、判断题

1. 在 PowerPoint 中不能插入 Excel 工作表。   (   )

2. PowerPoint2003 中幻灯片中的每个对象只能定义一种动画效果。   (   )

3. 按 F5 键可以从选定的幻灯片开始播放。   (   )

4. 在 PowerPoint 中不能创建空白的幻灯片。   (   )

5. 在幻灯片的浏览视图中可以看到正在制作的文稿中所有幻灯片的缩略图。

（　　）

讨论及思考题

1. 如何在幻灯片中插入音乐，并且使该音乐贯穿于整个演示文稿的放映中？
2. 如何将一副图片设置为幻灯片的背景？
3. 如果消除模板图形对背景的影响？

第5章

中文 Access 2003

【本章要点提示】

- 数据库、数据表、查询、报表等概念；
- 数据库的创建方法；
- 数据表的建立方法；
- 查询的创建方法；
- 报表的创建方法。

【本章内容引言】

数据库在当今的信息时代发挥着越来越重要的作用，我们常常需要对大量的数据进行存储和分析。随着 Microsoft Office 2003 使用得越来越广泛，Access 2003 逐渐成为当今社会最流行、功能最强大的桌面数据库管理系统之一。它可以分类对大量数据进行有效的管理，包括信息的保存、维护、查询、统计和打印等，它已完全能满足中小企业对数据的管理要求。本章就当今数据库的普遍用途，详细讲解 Access 2003 中数据库的相关概念及用法。

5.1 Access 2003 简介及其启动

5.1.1 Access 2003 简介

学习本章数据库之前，先要弄清数据库中一些基本概念的相互区别与联系。

Access 2003 数据库主要包括数据表、查询、窗体、报表等不同的对象，利用这些对象对数据进行收集、存储等各种不同的操作。

数据库：是所有相关对象的集合，如数据表、查询、模块等，每一个对象都是数据库的重要组成部分。

数据表：用来存储数据信息，它是数据库的基础，数据表以行、列格式存储数据，每一行组成的数据单元称为记录，每条记录对应一个实体，每一列存储的一种类型的数据称为字段，对应着对象的一个属性信息。

查询：用于在一个或多个数据表内查找某些特定的数据，并将这些数据集合起来形成一个整体性的集合，它查询到的数据集称为查询的结果集。每个查询只记录该查询的操作方法，这样保证了每次执行查询时都是对当前的数据表进行操作。

报表：用于将选定的数据信息进行格式化显示和打印，且利用报表可以进行简单的计算，如求和、求平均值等。

主键：Access 2003 可以使用查询、窗体或报表快捷地查找并组合在各个不同表中的信息，要做到这一点，每个表必须包含一个或多个字段，且该字段是表中所保存的每一条记录的唯一标记，此信息称为表的主键。在数据表中，应选择没有重复值或 NULL 值的字段作为主键。

5.1.2　Access 2003 的启动

和前面介绍的 Office 2003 的其他组件一样，Access 2003 的启动方法也很简单，单击"开始"菜单按钮，在"程序"子菜单中选择"Microsoft Access 2003"命令项即可。

启动 Access 2003 后，屏幕将显示如图 5—1 所示的窗口界面，此时用户根据需要进行相关操作，点击打开"文件"菜单，若是打开一个已经存在的数据库，则使用"打

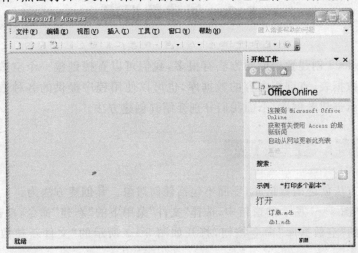

图 5—1　登录界面

开"命令,在打开的如图5—2所示的对话框中找到需要打开的数据库。若是需要新建立一个数据库,则使用"新建"命令,建立新的数据库,稍后我们将详细介绍数据库的建立方法。

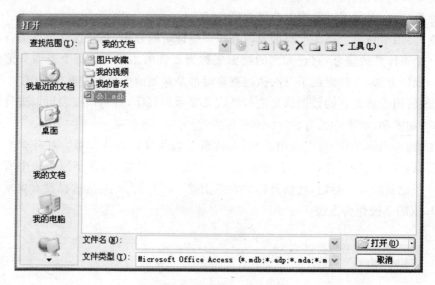

图5—2 打开已有的数据库

5.2 创建数据库

Access 2003 创建数据库的方法有很多,我们可以直接创建一个空数据库,即建立一个没有数据表、查询等内容的数据库,也可以使用程序提供的各种数据库模板,使用向导提示创建数据库,下面我们分别介绍其创建方法。

5.2.1 直接创建空数据库

利用该方法创建的数据库,里面不包括任何对象。其创建方法为:

(1)在如图5—1所示的窗口中,选择"文件"菜单下的"新建"命令,单击窗口右侧任务窗格中的"空数据库"命令按钮,打开如图5—3所示的"文件新建数据库"对话框。

(2)在对话框的"文件名"下拉列表框中输入新建数据库的名字,如人事管理等,

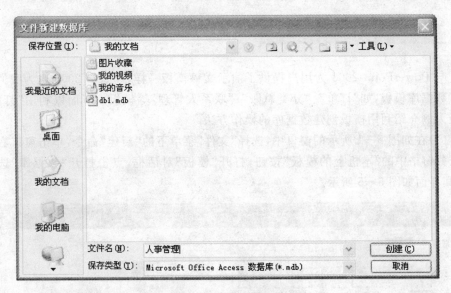

图 5—3　新建数据库

然后单击"创建"按钮即可。这样一个数据库就已经创建成功,并将显示如图 5—4 所示的界面。

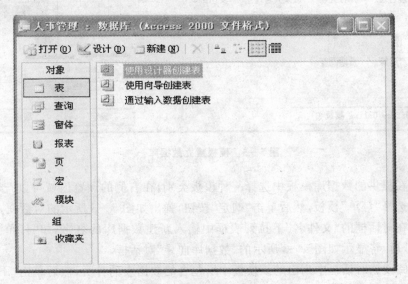

图 5—4　数据库建立成功

5.2.2 使用模板创建数据库

与 PowerPoint 2003 为用户提供了演示文稿模板一样，Access 2003 也为我们提供了数据库模板，如"订单"、"分类总账"、"联系人管理"等模板。下面以利用"订单"模板为例介绍利用模板创建数据库的操作方法。

(1)在如图 5—1 所示的窗口中，选择"文件"菜单下的"新建"命令，单击窗口右侧的任务窗格中的"本机上的模板"按钮，打开"模板"对话框，点击打开"数据库"选项卡，其界面如图 5—5 所示。

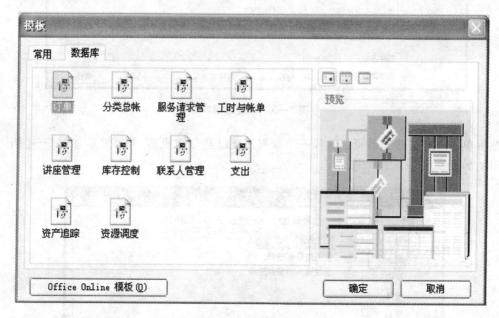

图 5—5　模板建立数据库一

(2)在提供的数据库模板中选择一种模板类别，在右侧的预览区域可以查看其效果，本例选择"订单"模板，然后单击"确定"按钮，弹出如图 5—3 所示的对话框。

(3)在对话框的"文件名"下拉列表框中输入新建数据库的名字，如"订单"等，单击"创建"后，将显示如图 5—6 所示的"数据库向导"对话框。

(4)阅读该对话框中列出的该模板中所包含的数据表的种类，然后单击"下一步"按钮，打开如图 5—7 所示的对话框。

(5)该对话框中的"数据库中的表"列表框中显示了所选模板数据库中可能包含的所有数据表，从中选择需要包含的数据表，则在"表中的字段"列表框中将显示该表

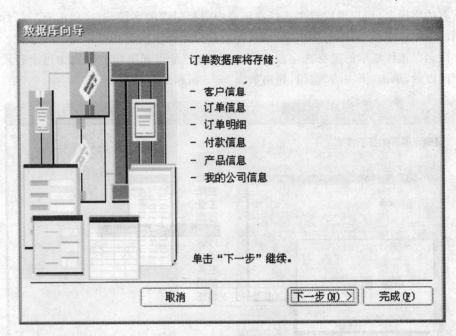

图 5—6　模板创建数据库二

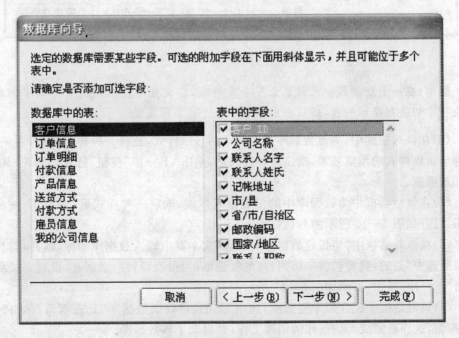

图 5—7　模板创建数据库三

中所有的字段名,用户可以自主选择在该表中需要包含的字段,若字段前有"√"标记表明已选中该字段,若不需要该字段,只需要去掉该字段前复选框中的"√"标记。其中字段名以正体显示的是必选字段,以斜体显示的是可选字段。分别为每个表设置好字段以后,单击"下一步"按钮,弹出如图 5—8 所示的对话框。

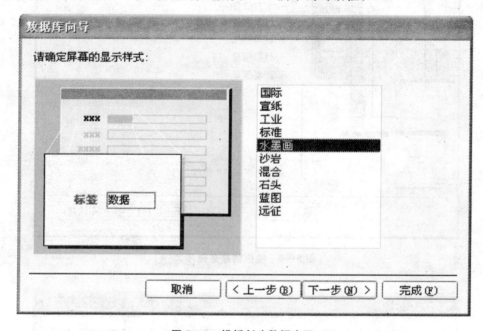

图 5—8　模板创建数据库四

提示:在一个数据库中可以包含多个数据表,在设置字段时,在"数据库中的表"列表框中切换到不同的表,然后分别为每个表进行字段设置。

(6)在该对话框中,为该数据库指定屏幕的显示样式,选择一种样式以后,左侧区域会显示该样式的预览效果,指定某种样式后,单击"下一步"按钮,打开如图 5—9 所示的对话框。

(7)在该对话框中为数据库中的报表指定样式,选定一种样式后,点击"下一步"按钮,打开如图 5—10 所示的对话框。

(8)在该对话框中"请指定数据库的标题"文本框中输入数据库的标题,并可以根据需要选中"是的,我要包含一幅图片"的复选框,为报表设置一张图片,设置完成后,单击"下一步"按钮,显示如图 5—11 所示的对话框。

(9)该对话框中包含两个复选框,选中"是的,启动该数据库"复选框后,单击"完成"按钮,这样就完成了数据库的创建工作,并启动了该数据库。

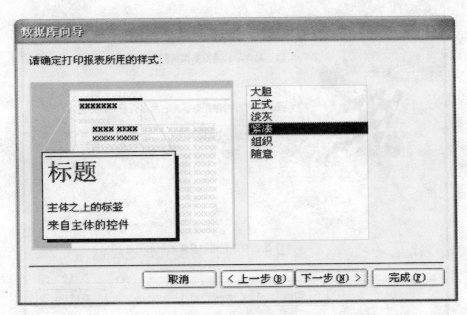

图 5—9 模板创建数据库五

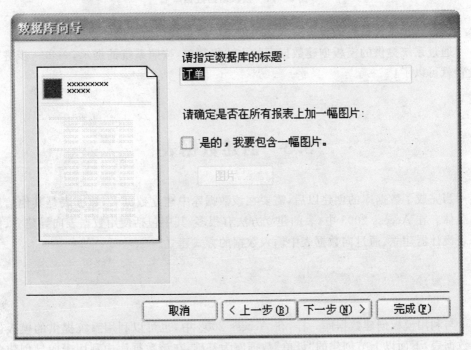

图 5—10 模板创建数据库六

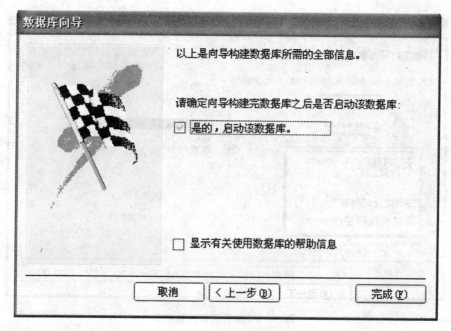

图 5—11　模板创建数据库七

这样通过系统提供的模板就成功地创建了满足我们所需要的数据库了。

通过系统提供的模板创建数据库的方法很简单,按照系统的提示,一步一步进行设置就可以了!

5.3　创建数据表

当完成了数据库的创建以后,需要在该数据库中建立数据表,数据表是其他信息的载体。在 Access 2003 中,表的建立方法有很多,其中包括使用数据表向导建立、使用表设计器建立、通过向数据表中输入数据的方式建立。

5.3.1　使用表向导创建表

与利用模板创建数据库一样,在 Access 2003 中,也可以利用系统提供的模板创建数据表,下面以上节创建的"订单"数据库为基础,在该数据库中利用表向导创建名为"产品"的数据表为例,介绍利用表向导创建表的方法。

(1)打开已创建的数据库,如图 5—4 为已创建的数据库,点击"对象"区域中的"表"图标,在数据库窗口右侧双击"使用向导创建表"命令,打开如图 5—12 所示的"表向导"对话框。

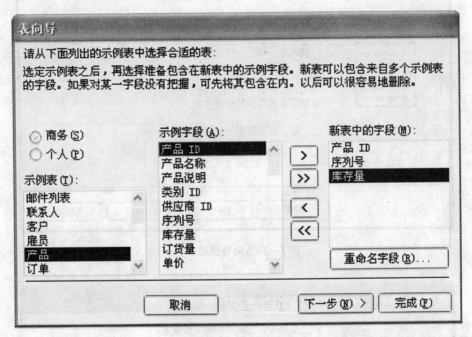

图 5—12　向导创建表一

(2)在该对话框中,它将表模板分为"商务"和"个人"两种类型,它们分别包含了不同类型的数据表,根据实际需要进行选定,本例选择"商务"类型。然后在"示例表"列表框中选定某一数据表,此时"示例字段"列表框中会显示该数据表中可能包括的所有字段名称,用户可以通过"　>　"按钮将某字段添加到所创建的表中,并可以使用"　<　"按钮对某些已经添加的字段进行移除,并可以选中某个字段后,单击"重命名字段"按钮为该字段重新命名,通过该对话框设置表中要显示的字段。本例中的"产品"表的字段设置如图 5—12 所示,设置完后,单击"下一步"按钮,弹出如图 5—13 所示的对话框。

(3)在该对话框中,为建立的数据表命名,在"请指定表的名称"框中输入表名,本例设置为"产品",并在下方的单选按钮中选中某一选项,用来决定是用户自主设置主键还是系统指定,一般选择为"是,帮我设置一个主键"按钮,选择完成后,单击"下一步"按钮,打开如图 5—14 所示的"表向导"对话框。

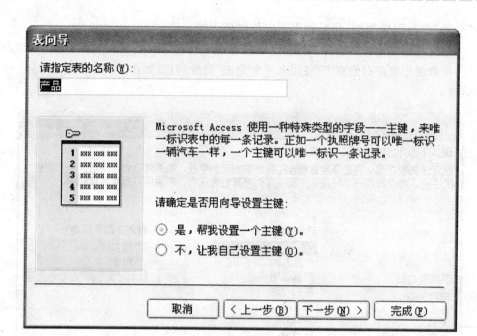

图 5—13　向导创建表二

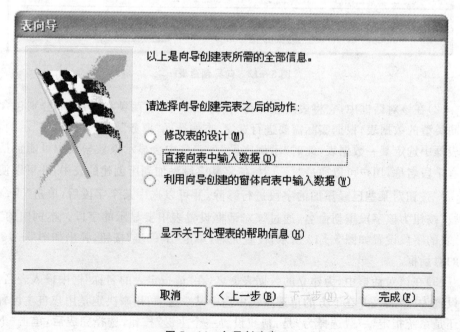

图 5—14　向导创建表三

(4)在该对话框中,选中"直接向表中输入数据"选项,单击"完成"按钮后,表的创建工作已经结束,此时向打开的如图 5—15 所示的窗口中输入数据即可。

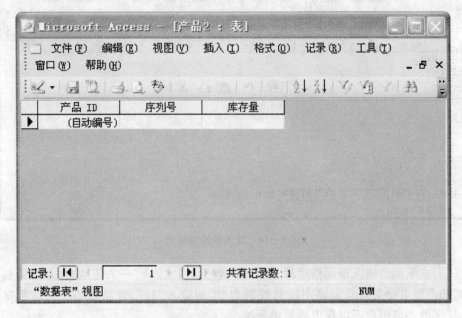

图 5—15   向导创建表四

利用表向导创建表的方法很简单,但是利用系统提供的模板创建的表有时可能不能完全满足用户的实际需求,有时候用户需要的某个字段模板中并没有提供,此时单纯的用表向导创建的方法无法达到要求,这时我们还要寻求利用其他方法来创建数据表。

5.3.2   通过输入数据创建表

创建表的最终目的是为了存放数据,因此我们可以直接通过输入数据的方法来创建表,下面我们一起来创建一名为"供应商信息"的数据表,其操作步骤为:

(1)打开已创建的数据库,如图 5—4 为已创建的数据库,点击"对象"区域中的"表"图标,在数据库窗口右侧双击"通过输入数据创建表"命令,打开如图 5—16 所示的输入窗口。

(2)在输入窗口中,双击列标题,即"字段 1"、"字段 2"等字样,将在对应的标题区域出现编辑框,这样可以更改字段的名称,如本例设置为"供应商 id"和"供应商产品名称"等。

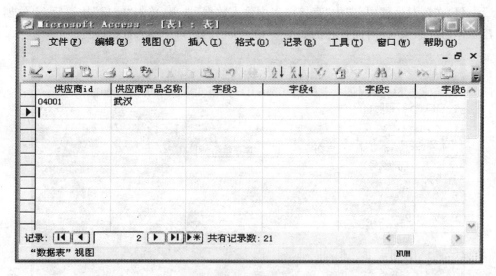

图 5—16 输入数据创建表

(3)在下面的输入单元格中输入实际的数据,当输入第一条记录时,系统会根据数据的类型自动为其指定该字段的数据类型,如输入"12",则指定该字段为数字类型,该字段类型用户可以在以后自主更改。

(4)当数据输入完毕后,选择"文件"菜单下的"保存"命令,通过如图 5—17 所示的对话框为数据表指定表名后,对该表进行保存操作,本例将表命名为"供应商信息",再单击"确定"按钮。

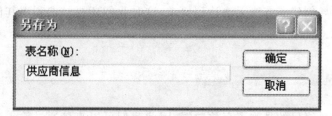

图 5—17 数据表保存

(5)此时系统会弹出如图 5—18 所示的对话框,提示用户是否为该表设置一个主键,一般情况下,单击"是"按钮,系统自动设置一个主键,该主键用户以后可以更改,这样建表的操作就完成了。

通过输入数据创建表的方法比较直接,在输入数据的同时完成了数据表的建立。

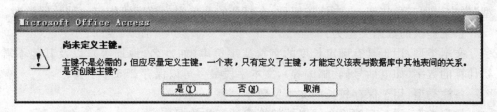

图 5—18　创建表的系统提示

5.3.3　应用表设计器创建表

以上介绍的两种创建表的方法虽然简单,但是其功能不够强大,某些特殊要求在建表时不能实现。下面介绍的利用表设计器创建表的方法就克服了该缺点,下面以创建"联系人表"为例,介绍利用表设计器建表的操作步骤。

(1)打开已创建的数据库,如图 5—4 为已创建的数据库,点击"对象"区域中的"表"图标,在数据库窗口右侧双击"利用设计器创建表"命令,出现如图 5—19 所示的编辑界面。

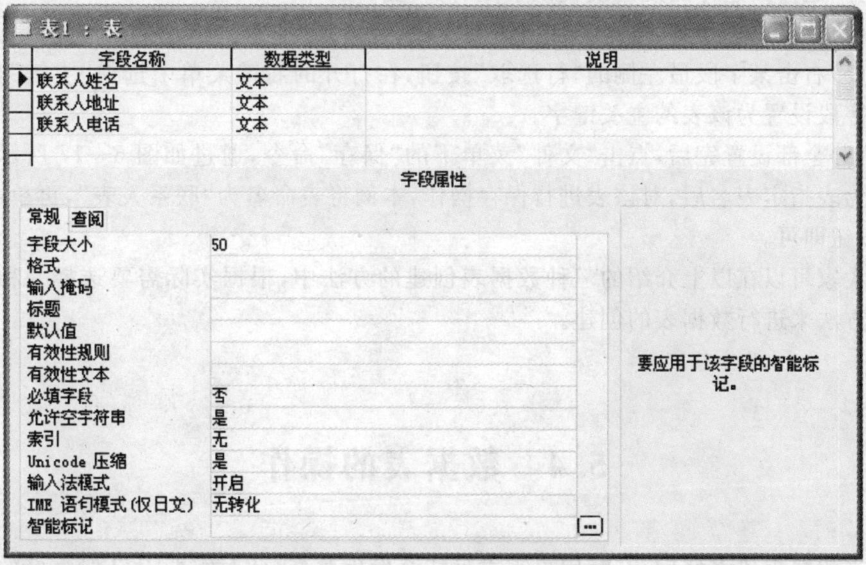

图 5—19　设计器创建表

(2)在该对话框中,分别设置各个字段的字段名称和其属性,如本例中的第一个字段设置为"联系人姓名",一个字段名称输入完后,按下回车键,此时会在"数据类型"栏中出现三角按钮,点击该按钮后,在打开的菜单中为该字段指定一种数据类型。

系统提供的数据类型为:

文本类型:用于具有确定长度的字符或字符串(如姓名、地址等),以及其他不需要计算的数字(如电话号码、邮编等),文本字段最多可以保存 255 个字符;

备注类型:用于保存较长的文本及数字;

数字类型:用于存储除金钱以外的算术计算的数据;

日期/时间:用于存储日期、时间等字段;

货币:用于各种货币的数据存储;

自动编号:在添加记录时,自动插入的唯一顺序(每次递增 1)或随机编号;

是/否:用于字段只包含两种值中的一种时;

OLE 对象:其他使用 OLE 协议程序创建的对象,可以将这些对象连接或嵌入到 Access 表中;

超级链接:用于保存超级链接的字段;

查询向导:创建字段时,该字段允许使用组合框来选择另一个列表中的值。

(3)在下方的"字段属性"区域的"常规"选项卡中,为字段设置其他属性,如字段大小等。本例的第一个字段"联系人姓名"的字段大小设置为 10,"必填字段"下拉框中选择"是",按这样的规则设置该字段的其他属性。

(4)重复以上步骤,逐个添加所需的字段。

(5)右击某字段最左侧的"行选取"按钮,在打开的右键菜单中选中"主键"按钮,将该字段设置为该表的主关键字。

(6)全部设置完后,点击"文件"菜单下的"保存"命令,通过如图 5—17 所示的对话框为表指定表名后,对该表进行保存操作,本例将表命名为"联系人表",再单击"确定"按钮即可。

大家可以在以上介绍的三种数据表创建的方法中,根据实际需要选择一种较方便的方法来进行数据表的创建。

5.4 数据表的操作

当数据表建立好后,有时用户需求可能会发生改变,此时需要对已建立好的数据表的结构进行修改,其中包括主键的更改、字段的增加与删除以及记录的添加等操作。本节将简单地介绍一下本部分知识。

5.4.1　主键的设置

前面介绍创建数据表的时候,主键一般都由程序为我们设定的,但是有时我们需要根据实际进行主键的设置或更改,其方法如下:

(1)在"设计"视图中打开需要设置主键的数据表。

(2)通过单击选定要设置为主键的字段最左侧的"行选取"按钮,如要选择多个字段,先按下 Ctrl 键,然后单击每个字段的"行选取"按钮。

(3)点击右键,选中"主键"命令,这些字段就已经被设置为主键了,且被设置字段的"行选取"按钮上将显示主键的图标 。

5.4.2　字段的删除、添加

对字段的编辑操作很简单,其方法为:

(1)在"设计"视图中打开需要进行字段编辑的数据表。

(2)右击某一需要编辑的字段,打开如图 5—20 所示的快捷菜单。

(3)在该菜单中分别选择"插入行"与"删除行"命令,执行对字段的添加和删除操作。

提示: 对数据表进行更改时,若该表中已经存在数据记录,则一定要对该数据库做好备份,因为在更改表结构时容易导致数据丢失。

图5—20　字段设置

5.4.3　查看数据表记录

当数据表建立后,若用户需要查看该表中已经存在的数据记录,此时需要打开该数据表,其操作方法很简单:打开该表所在的数据库窗口后,在"对象"栏中选择"表"图标,然后在窗口右侧双击需要查看的表的名称就可以了。

如图 5—21 所示是查看"产品"数据表的记录。

当需要选取表中的某条记录时,只需单击该记录最左侧的"行选取"按钮即可,此时该"行选取"按钮上会出现" "图标,表明该记录当前处于活动状态。

此外,我们可以通过表窗口底部的"定位"按钮,如图 5—22 所示,实现从表的一条记录到另一条记录的转换。

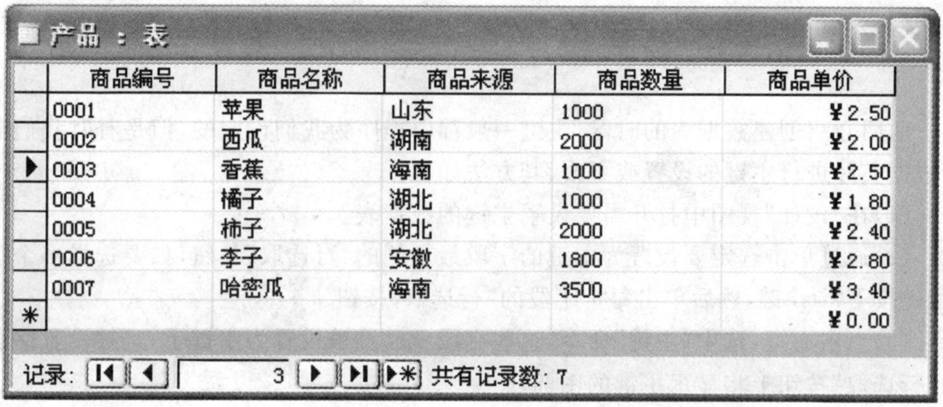

商品编号	商品名称	商品来源	商品数量	商品单价
0001	苹果	山东	1000	￥2.50
0002	西瓜	湖南	2000	￥2.00
0003	香蕉	海南	1000	￥2.50
0004	橘子	湖北	1000	￥1.80
0005	柿子	湖北	2000	￥2.40
0006	李子	安徽	1800	￥2.80
0007	哈密瓜	海南	3500	￥3.40
				￥0.00

产品：表

记录: 3 共有记录数: 7

图 5—21 查看表记录

图 5—22 定位按钮

各按钮的功能设置如下：

跳转到该表的第一条记录；

跳转到该表的最后一条记录；

跳转到该表当前记录的上一条记录；

跳转到该表当前记录的下一条记录；

跳转到新记录。

我们也可以直接在图示的文本框 3 中输入所要查看的记录的编号,按下Enter 键后,当前记录即可自动切换到该记录。

5.4.4 编辑记录

对记录的编辑包括记录添加、记录修改等操作。进行这些操作前,首先在"对象"栏中选择"表"图标,然后在窗口右侧双击需要编辑的表的图标,只有打开该数据表后,才能编辑其记录。

1 记录添加

若要在表中插入一行新记录,右击表中的任意一条记录的最左侧的"行选取"按钮,在打开的右键菜单中选择"新记录"命令,这样在表的末尾会出现该记录的输入状态,此时只需要输入该记录数据就可以了。

2　更改记录

若对已经存在的数据记录进行更改,只需用鼠标单击该记录的某个字段,此时该
字段将处于编辑状态,此时只需要重新输入该字段的数据就可以了。

3　删除记录

右击要删除的数据记录左侧的"行选取"按钮,选择右键菜单中的"删除"命令项,
此时界面会弹出如图 5—23 所示的对话框,提示用户是否要删除该数据,点击"是"按
钮后,将删除该数据。

图 5—23　记录删除提示

提示:对某数据删除以后,不能通过任何途径恢复被删除的数据,因此在执行删
除操作时,一定要确信该记录是否要被删除。

5.5　创建查询

数据库的另一特点是很方便地执行查询操作。在 Access 2003 中,系统将用户需
要执行的查询条件保存下来,在以后运行该查询条件时,从该查询对应的数据表中查
找满足条件的记录。

在查询操作中,创建查询是关键,下面以在"产品"表中创建供应商为"湖北"的查
询为例,介绍查询的创建方法。

(1)在数据库窗口中,单击"对象"栏中的"查询"图标,在窗口右侧双击"在设计视

图中创建查询"命令,打开如图 5—24 所示的界面。

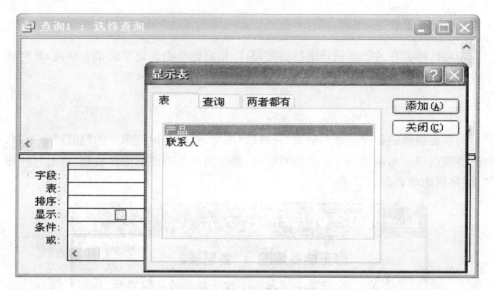

图 5—24 查询设计一

　　(2)在"显示表"对话框的"表"标签卡下选中为其创建查询的表,单击"添加"按钮,此时被选择的表就被添加到查询设计器中,可以同时将多个表添加进来。本例选择"产品"表。

　　(3)将数据表添加到表设计器后,查询设计器将显示如图 5—25 所示,双击"供应商"表中的"产品编号"、"产品名称"和"产品来源"等字段,将这些字段添加到查询设计器中,运行查询以后,被查询到的记录将包含这些被选定的字段信息。

　　(4)在要设置查询条件的字段表格下的"条件"区域中输入需要设置的条件,如本例在"供应商地址"的条件中输入＝"湖北",以查找供应商为湖北的所有记录。

　　(5)此时若需要查看查询结果,可单击工具栏上的"数据表视图"按钮 ,本例可查看到如图 5—26 所示的结果,若要返回到查询设计器,通过单击工具栏上的"设计视图"按钮 返回。

　　(6)完成条件设置后,点击工具栏上的"保存"按钮,来保存刚建立的查询,并为该查询命名,本例命名为"湖北供应商"。

　　利用创建的查询,可以很方便地从大量的数据记录中找到满足某条件的记录,这样为我们用户节省了大量的时间。

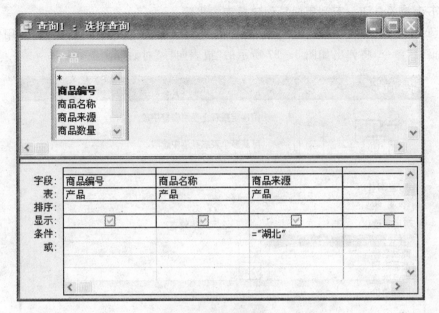

图 5—25 查询设计二

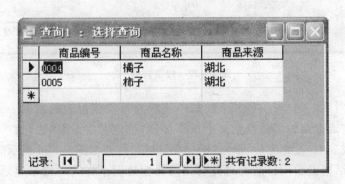

图 5—26 查询结果

5.6 创建报表

报表是打印数据库数据的最佳方式,它可以按用户设置的条件和格式显示数据,利用报表,用户可以自主控制数据摘要,获取数据汇总,并可以按照一定的顺序排列。

下面简单介绍一下利用向导创建报表的步骤。

(1)在数据库窗口中选择"对象"栏中的"报表"选项,双击窗口右边的"使用向导创建报表"命令,将弹出如图 5—27 所示的"报表向导"对话框。

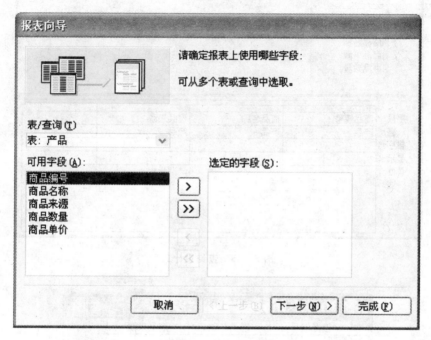

图 5—27　报表向导一

(2)在该对话框的"表/查询"下拉框中选择为其创建报表的数据表或查询,并将选定的数据表或查询的部分或全部字段添加到"选定的字段"中去,这些被选定的字段将显示在报表中,设置完后,单击"下一步"按钮,打开如图 5—28 所示的对话框。

(3)该对话框提示用户是否对具有相同属性的记录作为一组来显示。若要设置分组,通过" ▷ "按钮将设置分组的字段添加到对话框右侧区域,并通过" ▲ "和" ▼ "按钮调整该分组字段的优先级,设置好后,单击"下一步"按钮,打开如图 5—29 所示的对话框。

(4)在该对话框中设置记录的排列顺序,我们可以同时设置按四个字段进行排序,排序的规则可以设置为升序或降序,设置完成后,单击"下一步"按钮,弹出如图 5—30 所示的"报表向导"对话框。

(5)该对话框提示用户选取报表的方向及布局方式,选中某种布局方式后,在预览区域可以看到该布局的大致效果,选定满意的布局以后,单击"下一步"按钮,打开如图 5—31 所示的对话框。

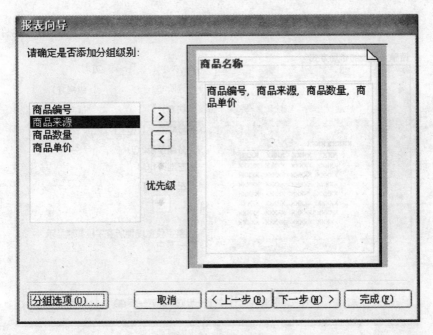

图 5—28　报表向导二

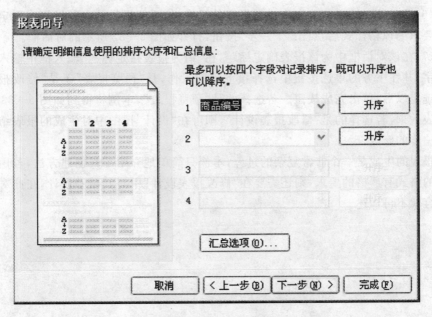

图 5—29　报表向导三

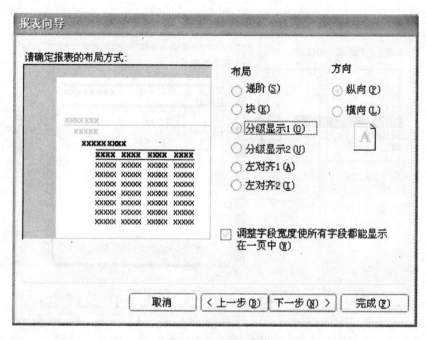

图 5—30　报表向导四

(6)通过该对话框将确定生成的报表的风格,从系统提供的六种风格中选定一种满足要求的风格样式后,点击"下一步"按钮,打开如图 5—32 所示的对话框。

(7)在该对话框中为该报表确定标题,在"请为报表指定标题"输入框中输入报表的名字,并在下方的单选按钮中选择接下来的工作,是"预览报表"还是"修改报表设计",选定以后,单击完成按钮。若选择的是"预览报表",本例将得到如图 5—33 所示的报表效果,若选择的是"修改报表设计",则可在"设计"视图中对生成的报表结构进行进一步的修改。

报表的生成是一个非常复杂的过程,本例只简单地介绍了其创建方法,若用户对报表的格式有严格的要求,则还需要在"修改报表设计"中对其精心设计,在此对该部分内容就不再详述。

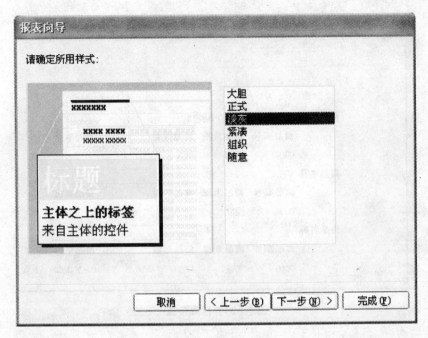

图 5—31 报表向导五

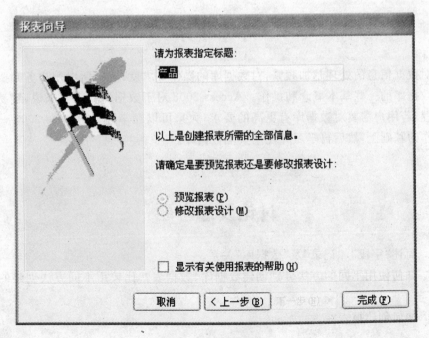

图 5—32 报表向导六

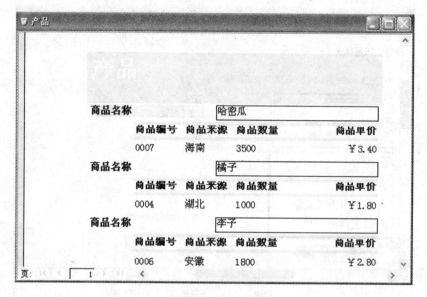

图 5—33　报表预览

本章小结

对数据信息的处理越加频繁，对数据库的操作要求就越高，所以用户务必要认真掌握数据库的一些基本概念和操作。Access 2003 对于数据库初学者来说，容易理解和掌握，若用户需要对数据库有更高的要求，大家可以在掌握了 Access 2003 一些基本操作的基础上，然后再学习并使用其他数据库。

讨论及思考题

1. 简述"字段"、"记录"及"数据库"关系。

2. 如何使用不同的方法分别创建数据库、数据表？比较用不同方法创建的异同点。

3. 如何创建报表？

第 1 章　Windows XP 操作系统

实验一

实验目的

1. 掌握正确的开机关机方法。

2. 熟悉鼠标、键盘操作。

3. 熟悉 Windwos 的界面及桌面操作

实验内容

一、开机与重启

观察主机面板,一般有一大一小两个按钮,大的为 POWER 键,即电源开关,按下该开关便启动了计算机。小的键为 RESET 键即系统复位键,当系统死机无法正常热启动时,按下该键重启计算机。

二、掌握键盘操作

1. 认识键盘:

主键盘区包含各种字母、数字和符号等,是最常用到的区域。除此外在键盘上有一些特定的控制键具有一定的功能。常用控制键及功能有:

(1)Caps Lock 键:大小写字母转换键。当按下该键时控制灯点亮,输入的为_____,再按下该键控制灯熄灭,输入的是_____。

(2)Shift 键:上档键。按下该键输入时将输入有 2 排字符的键的上排字符。如果是字母键,当字母为小写时,按住该键输入的结果就为_____,当字母是大写时,输入的结果就是_____。

(3)NumLock 键:数字转换键。按下该键控制灯点亮,可利用小键盘输入数字,

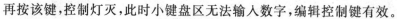

再按该键,控制灯灭,此时小键盘区无法输入数字,编辑控制键有效。

2. 打字练习:

(1)基本指法:"A、S、D、F"和"J、K、L、;"是八个基本键,准备打字时除拇指外其余的八个手指分别放在基本键上。应注意 F 键和 J 键均有突起两个食指定位其上,拇指放在空格键上,可依此实现盲打。手指与键位对应如下:

左手

食指:4、5、R、T、F、G、V、B

中指:3、E、D、C

无名指:2、W、S、X

小指:1、Q、A、Z 及左边的所有键位

右手

食指:6、7、Y、U、H、J、N、M

中指:8、I、K、,

无名指:9、O、L、.

小指:0、P、;、/及右边的所有键位

指法练习技巧:

左右手指放在基本键上;击完它键迅速返回原位;

食指击键注意键位角度;小指击键力量保持均匀;

数字键采用跳跃式击键。

(2)打字练习:在桌面上新建一个文本文档,打开该文件输入以下文字,在输入时尽量用手去感受各键位,多输入几次,熟练键盘和指法。

Long ago and far away, there lived an Emperor. This Emperor was very vain and could think about nothing but his clothes. He had wardrobes and cupboards full of clothes. They filled his spare bedrooms and upstairs corridors of the palace.

The courtiers were worried that the wardrobes would begin to appear downstairs and in their chambers.

The Emperor spent hours every morning getting dressed. He had to choose his outfit, preferable a new one, and the shoes and wig to go with it. Mid-morning, he invariably changed into something more formal for his short meetings with his councillors and advisors. He would change again for lunch, and then again for a rest in the afternoon. He just had to change for dinner and them again for the evening!

三、鼠标的操作

1. 将桌面上的一个图标选中并移动到别的位置。

2. 双击打开一个程序。

3. 在桌面上的一个图标处右击,在弹出的快捷菜单中单击"属性"命令。

四、Windows 的基本操作

1. **修改一般图标的样式**:选定桌面上的一个快捷图标,单击右键,在弹出的快捷菜单中选中"属性"命令,打开该图标的"属性"对话框,点击_____按钮,即可给该图标修改样式。

2. 在任务栏上右击打开任务栏的属性对话框,将任务栏设为自动隐藏。

3. 同时按下_____三个键,打开任务管理器,查看正在运行的程序、进程和CPU 利用率等信息。

4. 打开"开始"菜单中的"搜索"命令,在该对话框中查找 D 盘中所有以 a 开头的文件。

5. 打开 D 盘,选中并复制一个文件后,把复制的文件删除,双击桌面的"回收站"图标,看该文件是否被删除到"回收站"中。

实验二

实验目的

1. 掌握 Windows 中文件和文件夹的操作。

2. 设置系统环境。

3. 系统维护。

实验内容

一、文件和文件夹的操作

1. 在 D 盘中创建一个名为"练习 1"的文件夹,在该文件夹中新建一个文本文档。把该文本文件设置为隐藏属性,并把该文件夹设置成共享文件夹。

2. 打开"我的电脑",在"工具"菜单中打开_____命令,设置文件的查看方式为"不显示隐藏的文件和文件夹",并取消"隐藏已知文件的扩展名"选项的选择,回到D 盘打开"练习 1"文件夹看是否还能看到文本文档。

3. 设置文件的查看方式为"显示所有文件和文件夹",再回到"练习 1"文件夹中,取消文本文档的隐藏属性,并观察该文本文档的扩展名为_____。

4. 打开"我的电脑",在 D 盘中再创建一个文件夹命名为"练习 2"。将"练习 1"文件夹中的文本文档复制到"练习 2"文件夹中,重命名为"练习文档"。打开"资源管理器"重复上述操作对比两种操作哪种更加方便快捷。

5. 打开"开始"—"程序"—"附件"—"画图",在"画图"软件中绘制一幅图片。以JPG 类型保存该文件到"练习 2"文件夹中并命名为"我的图片"。

二、设置系统环境

1. 在桌面的空白处单击右键,打开"显示属性"对话框。打开"桌面"选项区,点击_____按钮,在计算机中找到自己绘制的"我的图片"并将该图片设为桌面背景。

2. 打开"显示属性"对话框中的"屏幕保护程序"选项区,设置一种屏幕保护程序并查看效果。

3. 在"显示属性"对话框的"设置"选项区中,调整屏幕的分辨率,查看效果。

4. 在任务栏右边的时间显示上双击打开"日期和时间属性"对话框,设置系统日期和时间。

5. 在任务栏的"语言栏"上单击右键,在弹出的快捷菜单中选择"设置"命令,打开"文字服务和输入语言"对话框,将"郑码输入法"和"微软拼音输入法"删除,再将"郑码输入法"增加上去。

6. 打开"控制面板",在"鼠标"图标上双击,打开"鼠标属性"对话框,将鼠标改为左手习惯。

三、系统维护

1. 打开"我的电脑",在 C 盘处单击右键打开 C 盘的属性对话框,选择_____按钮,清理 C 盘中的文件释放空间。

2. 打开"开始"菜单—"程序"—"附件"—"系统工具"—"碎片整理程序",对 C 盘分析是否需要进行碎片整理。

第 2 章　中文 Word 2003

 实验一

实验目的

1. 熟悉中文 Word 2003 的编辑界面。

2. 掌握 Word 文档的新建、保存操作。

3. 掌握文档内容的输入及常规的编辑方法。

实验内容

一、熟悉中文 Word 2003 的编辑界面

1. 打开 Word 2003 程序:

方法一:利用"开始"菜单启动。

单击打开"开始"菜单,在该菜单中选择"程序"选项,然后在打开的下一级菜单_____中点击打开_____程序项。

方法二：双击桌面上的 Word 程序图标 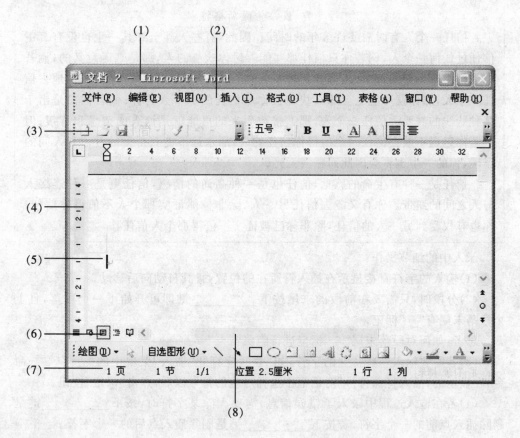，即可启动 Word 2003。

2. Word 2003 窗口组成：

Word 2003 的界面如图所示，请认真熟悉后，描述其组成及各部分的用途。

(1)为_____，该栏显示了正在编辑的文档的文件名及调用的程序的名称 Microsoft Word；

(2)为_____，该栏为用户提供了九个命令按钮，单击某按钮启动其对应的菜单项；

(3)为_____，该栏显示了用户最近使用的工具。

若用户需要添加或隐藏工具栏上的命令项，具体操作方法为：

在菜单栏或工具栏上点击鼠标右键后，打开右键菜单，在该菜单项中，选项前有"√"标记的表示在工具栏中已经添加，用户可以自主添加或取消。

(4)为水平标尺，若需要隐藏该信息，可以打开_____菜单，取消"标尺"项前的"√"符号即可。

(5)为插入符号,用户输入信息将显示在该标记所在的位置,并按照输入的信息的长度自动向后移动。

(6)为视图切换按钮,在 Word 2003 中,系统提供了_____、页面视图、WEB版式视图、_____、阅读版式视图五种视图方式。

若要在不同的视图方式之间切换,可以通过单击对应的视图按钮来完成。

(7)为_____,该区域显示了该文件在编辑中的相关信息,如该文档的总页数,当前光标在文档中的具体位置等。

(8)为水平滚动条,用来左右滚动文档的当前页面,以查看文档内容。

二、文本内容的录入与文件保存

1. 新建一个 Word 文档;

2. 在该 Word 文档中录入下面的文字信息:

信　任

［美］戴维·威斯格特

信任一个人有时需要许多年的时间。因此,有些人甚至终其一生也没有真正信任过任何一个人,倘若你只信任那些能够讨你欢心的人,那是毫无意义的;倘若你信任你所见到的每个人,那你就是一个傻瓜;倘若你毫不犹疑、匆匆忙忙地去信任一个人,那你就可能也会那么快地被你所信任的那个人背弃;倘若你只是出于某种肤浅的需要去信任一个人,那么接踵而来的可能就是恼人的猜忌和背叛;但倘若你迟迟不敢去信任一个值得你信任的人,那永远不能获得爱的甘甜和人间的温暖,你的一生也将会因此而黯淡无光。

信任是一种有生命的感觉,信任也是一种高尚的情感,信任更是一种连接人与人之间的纽带。你有义务去信任另一人,除非你能证实那个人不值得你信任;你也有权受到另一人的信任,除非你已被证实不值得那个人信任。

录入中的细节操作:

(1)输入的字符直接显示在插入符所在的位置,且其自动向后移动。

(2)分段时,只需要在前段的末尾按下_____键即可开始下一个段落,且上个段落末尾有"　"标记。

思考:如何对段落末尾"　"标记进行隐藏?

(3)若需要输入一些特殊的字符,如"◆",应打开"插入"菜单中的_____命令,在显示的"插入特殊符号"对话框中选择对应的符号以后,点击"确定"按钮。

(4)若在输入过程中录入了错误信息,需要删除某字符时,按下_____键是删除插入点前的一个字符,若按下_____键是删除插入点后的一个字符。

3. 文件的保存:

请将刚刚录入的文档保存在 E 盘下的"XX"目录中("XX"目录为用户事先建立的以自己名字命名的文件夹),文件名为"信任"。

(1)使用"文件"菜单下的"保存"命令。

(2)使用"文件"菜单下的_____命令。

思考:请对文档运用以上的两种不同的方法进行多次保存,并比较这两种保存方法的异同点。

在保存中可以对文档进行加密,其操作方法为:

运用"工具"菜单中的"选项"命令,在打开的"选项"对话框中再点击打开_____选项卡,然后在其中设置密码。

三、文档的基本编辑

1. 文本内容的选取:

(1)选定任意大小的文本:将插入符置于要选定区域的起始位置,按住鼠标左键,并移动鼠标到选定区域的末尾位置,释放鼠标,此时鼠标经过区域的信息被全部选中。

(2)选定整个段落:在该段落的任意位置_____击鼠标左键,则该段落中的所有信息即被选中。

(3)选定大块文本:将插入符置于要选定区域的起始位置,按下_____键,然后在选定区域的末尾位置单击鼠标,则插入符所在的位置和鼠标点击位置之间的区域被全部选中。

(4)选定整篇文档:运用_____的组合键。

2. 文本内容的移动与复制:

方法一:

(1)选中要移动的文本或图片信息。

(2)点击打开"编辑"菜单,运用_____(若进行复制,运用_____)命令后,此时会观察到选中的信息在原位置消失了。

(3)将插入符置于该信息要移动到的目的位置后,点击鼠标右键,运用_____命令即可。

方法二:

(1)选中要移动的文本或图片信息。

(2)运用_____的组合键(若需要复制,为_____的组合键)对选中的信息进行剪切。

(3)将插入符置于该信息要移动到的目的位置后,运用_____组合键即可。

若只近距离地移动文本等信息,可以运用以下方法:

方法三：

(1)选中要移动的文本或图片信息。

(2)用鼠标左键单击已被选中的信息,按住左键不放,将鼠标拖动到该信息的目的位置后(若为复制,在拖动鼠标的同时按下_____键),释放鼠标即可。

3. 撤销、恢复：

在操作过程中,若出现误操作,可以通过撤销和恢复操作达到以前的编辑状态,其组合键分别为_____和_____。

4. 字数统计：

若需要实时地统计文本字数,可以运用"工具"菜单下的_____命令。

5. 查找和替换：

查找出文档中的"一个人"信息,并将文档中的"一个"字符替换为"某个"。

(1)查找：运用"编辑"菜单下的"查找"命令,再打开对话框中"查找"选项卡,在"查找内容"输入中输入_____字符。

(2)替换：运用"编辑"菜单下的"查找"命令,再打开对话框中"替换"选项卡,在"_____"文本框中输入"一个"内容,在"_____"输入框中输入"某个"内容。

练习：将文档中的"一个"替换为红色的、加下划线显示的"某个"字符效果。

4. 关闭 Word 文档：

直接点击窗口右上角的"×"按钮关闭即可。

实验二

实验目的

1. 掌握字符格式设置。

2. 掌握段落格式设置。

3. 掌握页面格式设置。

实验内容

在 E 盘的"XX"目录中打开保存好的"信任"文档。

一、字符格式设置

1. 为文档中的字符设置大小、颜色等。

要求：

(1)将标题"信任"设置为宋体、加粗的小三号字,并为其加上着重号。

(2)将文档的正文部分设置为隶书、小四号字,并将字体设置为红色显示。

方法：

(1)选定需要设置的文本信息。

(2)打开"格式"菜单下的_____命令,打开"字体"对话框下的"字体"选项卡。

(3)对应设置的要求分别进行设置。

2.为文档中的字符设置字符间距。

要求:

(1)将正文的文本设置为加宽2.5磅。

(2)将正文最后一段中的"感觉"、"情感"、"纽带"字符分别设置为"提升8磅"、"提升12磅"、"降低8磅"。

方法:

(1)选定需要设置的文本信息。

(2)打开"格式"菜单下的"字体"命令,打开"字体"对话框下的_____选项卡。

(3)对应设置的要求分别进行设置。

3.为文档中的字符设置文字效果。

要求:

(1)将标题"信任"设置为"礼花绽放"的文字效果。

(2)将正文最后一段设置为"赤水情深"的文字效果。

方法:

(1)选定需要设置的文本信息。

(2)打开_____菜单下的"字体"命令,打开"字体"对话框下的_____选项卡。

(3)对应设置的要求分别进行设置。

二、段落格式设置

要求:

(1)将标题"信任"和作者姓名设置为居中显示。

(2)将正文部分设置为左缩进两个字符、首行缩进两个字符、段前间距和段后间距均为2行,行距设置为1.5行。

方法:

(1)选定需要设置的段落。

(2)打开_____菜单下的"段落"命令,打开"段落"对话框下的_____选项卡。

(3)对应设置的要求分别进行设置。

三、页面设置

要求:

(1)将文档的上下页边距均调整为 3cm。

(2)纸张尺寸调整为 18cm×18cm。

(3)将页面调整为每页显示 10 行字符信息。

方法：

打开_____菜单下的"页面设置"命令项，分别打开"页面设置"对话框中的"页边距"、"纸张"和"文档网格"选项卡进行设置。

 实验三

实验目的

1. 掌握文档分栏、首字下沉设置。

2. 掌握边框与底纹、项目符号的设置。

3. 掌握页眉/页脚及页码的设置方法。

4. 灵活运用"格式刷"工具。

实验内容

1. 在 E 盘的"XX"目录中打开保存好的"信任"文档。

一、分栏设置

要求：

将文档的第一段设置为两栏，且中间设置分隔线。

方法：

(1)选定要进行分栏设置的文本内容。

(2)在"格式"菜单中打开_____命令项，显示"分栏"对话框。

(3)在对话框中指定栏数，并设置分隔线。

二、首字下沉

要求：

将文档的第一段设置为首字下沉三行的格式。

方法：

(1)将插入符置于要进行首字下沉的段落中。

(2)在"格式"菜单中打开_____命令项，显示"首字下沉"对话框。

(3)在对话框中选定一种下沉格式，设为"悬挂"或_____，并在"下沉行数"输入框中输入下沉的行数值。

三、边框和底纹设置

要求：

(1)为文档第二段设置双实线边框及 5％的底纹图案。

（2）为文档所在的页面设置一种红色的艺术型边框。

方法：

（1）选定要进行设置的文本内容。

（2）在"格式"菜单中打开_____命令项，显示"边框和底纹"对话框，点击打开"边框"选项卡，为第一段设置边框样式；然后在"底纹"选项卡下为其设置具体的底纹图案。

（3）在_____选项卡下为文档所在的页面设置页面边框。

思考：

在"边框"及"底纹"的设置范围分别选择为"文字"和"段落"，观察设置效果有何不同。

四、项目符号设置

要求：

为文档内容设置如★所示的项目符号。

方法：

（1）选定要进行分栏设置的段落。

（2）在"格式"菜单中打开_____命令项，显示"项目符号和编号"对话框，点击打开_____选项卡，在提供的项目符号标号中选定一种符号样式。

（3）若需要其他符号样式，可以单击"自定义"按钮，在打开的"自定义项目符号列表"对话框中相应的位置进行设置。

五、页眉/页脚及页码设置

要求：

为文档设置页眉与页脚信息，页眉信息为"信任"，在页脚中插入页码。

方法：

（1）在_____菜单中打开"页眉和页脚"命令项，出现页眉编辑框，在编辑框中输入页眉信息，如"信任"。

（2）通过页眉和页脚工具条上的"在页眉和页脚间切换"按钮，切换到对页脚的编辑，并通过该工具条上的_____下拉框，为页脚插入页码信息。

思考一：

如何为奇、偶页设置不同的页眉和页脚？

思考二：

还可以通过何种方法为文档设置页码？

六、"格式刷"工具的使用

若需要将某处已经设置好的格式应用于其他字符，此时可以利用"格式刷"工具。

方法：

（1）先选定已经做好格式设置的字符串，即源字符串。

（2）点击"格式"工具栏上的格式刷 按钮。

（3）将插入点置于需要做字符格式设置的字符串的起始位置，按下鼠标左键不放，让刷子形状的鼠标经过需要设置格式的所有字符，在字符串的终止位置松开鼠标。

思考：

若需要连续地用到"格式刷"工具，应如何操作？

实验四

实验目的

1. 掌握表格的建立与编辑。

2. 掌握图片、艺术字、文本框的插入和与文本的混合排版。

实验内容

一、表格的建立与编辑

要求：建立如表所示的表格及表格信息。

方法：

（1）利用"表格"菜单下的_____命令，建立一包含八行、六列的表格。

（2）利用右键中的_____为表格的各行和列设置合适的高度和宽度。

（3）分别利用右键的_____将第四行和第八行的单元格合并为两个大的单元格。

（4）利用"表格"菜单下的_____为表格设置表头，并为其设置标题。

（5）利用右键的_____命令为表格设置双实线外边框，并为第四行设置如表所示的底纹样式。

（6）利用"表格"菜单中的"插入"下的"行（在上方）"在表格的第一行上再插入新的一行。

（7）在对应单元格中输入相应的文字信息。

（8）利用右键的_____的级联菜单为单元格中的文字指定排列格式。

电子信息工程

课程 星期 节次	星期一	星期二	星期三	星期四	星期五
第1~2课	大学物理			大学英语	
第3~4课		C语言		高等数学	C语言
第5~6课	高等数学	高等数学	大学物理	C语言	体育
第7~8课		大学英语			
第9~10课					

二、图片、艺术字、文本框的插入与图文混合编排

在 E 盘的"XX"目录中打开保存好的"信任"文档。

要求：

(1)在该文本中插入内容为"信任是一种感觉"的艺术字和文本框,其格式用户自定。

(2)在文本中插入图片。

(3)将插入的艺术字、文本框、图片与文本混合排版。

方法：

(1)插入艺术字,并为艺术字设置的内容为"信任是一种感觉"。

(2)利用_____菜单中的"文本框",在文档中的合适位置插入内容为"信任是一种感觉"的文本框,并利用右键的_____为其设置填充颜色、线条颜色以及大小等格式。

(3)利用"插入"菜单中"图片"下的_____命令项在文本中插入一与文档主题相关的图片。

(4)将插入的艺术字、文本框、图片与文本内容合理排版,其内容包括:图片的大小及位置、明暗搭配以及与文字的相对位置关系等。

第 3 章　中文 Excel 2003

实验目的

1. 熟悉中文 Excel 2003 的编辑界面。

2. 掌握 Excel 中单元格的选取方法。

3. 掌握向单元格中输入不同类型数据的方法。

实验内容

一、熟悉中文 Excel 2003 的编辑界面

1. 打开 Excel 2003 程序：

方法一：利用"开始"菜单启动。

单击打开"开始"菜单,在该菜单中选择"程序"选项,然后在打开的下一级菜单_____中点击打开_____程序项。

方法二：双击桌面上的 Excel 程序图标 ，即可启动 Excel 2003。

2. Excel 2003 窗口组成

认真观察 Excel 2003 界面的组成,并将其与 Word 2003 的界面进行比较,说明其异同点。

二、Excel 2003 中对象的选取

1. 选定单个单元格：

(1)找到该单元格所在的位置后,鼠标单击该单元格即可选定。

(2)当选中一个单元格后,按下回车键将选定该单元格的下一个单元格,按 Tab 键选定它后面的一个单元格,按 Home 键可以选中该行所在的第一个单元格。我们还可以运用"→"、"←"、"↑"、"↓"方向键选定当前单元格周围的某个单元格。

2. 选定连续单元格：

要选取一块连续的单元格区域,如 A3 到 D8 构成的矩形区域,常用的方法有两种：

方法一：先用鼠标定位到该区域左上角的那个单元格,如 A3,按下鼠标左键不放,然后沿该区域的对角线拖动鼠标到区域的右下角,如 D8,松开鼠标就选定了该矩形区域。

方法二：先将鼠标定位到该区域左上角的那个单元格，如 A3，按下_____键，再单击右下角的单元格，如 D8，即可选定该区域。

3. 选定不连续的单元格：

若需要选中一些不连续的单元格，可以选定其中的一个单元格后，按下_____键的同时再单击其他的欲选定的单元格，选中全部单元格后再松开该键。

4. 选取整行或整列：

若需选中工作表中的某行或某列，只需单击相应的行标题或列标题即可。若要选取多行或多列，可以在用鼠标单击对应行或列标题的同时按下_____键。

5. 选取整张工作表：

可以通过单击工作表最上方的全选按钮选中整张工作表，也可以用_____的组合键进行选取。

三、向单元格中输入不同类型数据的方法

要求：

向建立的工作表中输入如下图所示的不同类型的数据。

方法：

(1) 输入文本数据，即 A 列：在 A2 单元格中输入'04001 数据后，运用填充柄功能，在 A2 右下角，当鼠标变为填充柄状态后，向下拖动鼠标，直到目的单元格 A12 时松开。

(2) 在多个单元格中输入相同数据，即 B 列：同时选定要输入数据的单元格，然后在 B2 中输入数值 100，在按下 Enter 的同时按下_____键。

(3) 输入步长为 1 的等差数列，即 C 列：在 C2 单元格中输入初始数据 100，运用填充柄功能，在 C2 右下角，当鼠标变为填充柄状态后，向下拖动鼠标，同时按下 Ctrl 键，直到目的单元格 A12 时松开。

(4) 输入步长为 2 的等差数列，即 D 列：在第一个单元格（D2）中输入初始值 (100)，然后选中需要输入数据的所有单元格（D2 到 D12），运用"编辑"菜单下的_____命令下的"序列"命令项，在打开的"序列"对话框中选择序列类型（等差）以及输入实际的步长值(2)。

(5) 输入步长为 3 的等比数列，即 E 列：在第一个单元格（E2）中输入初始值(2)，然后选中需要输入数据的所有单元格（E2 到 E12），运用"编辑"菜单下的"填充"命令下的_____命令项，在打开的"序列"对话框中选择序列类型（等比）以及输入实际的步长值(3)。

(6) 输入系统定义的序列，即 F 列：在 F2 单元格中输入星期一数据后，运用填充柄功能，在 F2 右下角，当鼠标变为填充柄状态后，向下拖动鼠标，直到目的单元格 F12 时松开。

	A	B	C	D	E	F	G	H
1	文本	数值一	数值二	数值三	数值四	序列	综合	
2	04001	100	100	100	2	星期一	-28	
3	04002	100	101	102	6	星期二	2006-2-21	
4	04003	100	102	104	18	星期三	13:59	
5	04004	100	103	106	54	星期四	8:20 AM	
6	04005	100	104	108	162	星期五	1 3/4	
7	04006	100	105	110	486	星期六	2000-6-23	
8	04007	100	106	112	1458	星期日	2001-6-23	
9	04008	100	107	114	4374	星期一	2002-6-23	
10	04009	100	108	116	13122	星期二	2003-6-23	
11	04010	100	109	118	39366	星期三	2004-6-23	
12	04011	100	110	120	118098	星期四	2005-6-23	
13								

(7)G列数据的输入：

负数：-28 或_____；

日期：年月日中间以_____或_____作为分隔；

当前日期：运用 Ctrl 和_____的组合键；

当前时间：运用 Ctrl 和_____和；的组合键；

时间：具体时间和表示上、下午的 A 或 P 中间加一_____；

分数：整数部分＋空格＋分数部分；

时间序列：在第一个单元格(G7)中输入初始值(2000-6-23)，然后选中需要输入数据的所有单元格(G8 到 G12)，运用"编辑"菜单"下的"填充"命令下的"序列"命令项，在打开的"序列"对话框中选择日期单位(年)以及输入实际的步长值(1)；

输入完毕以后，请将该工作簿保存在 E 盘的"XX"目录中("XX"为用户先前建立好的属于自己的文件夹)，文件名为"数据输入"。

 实验二

实验目的

1. 掌握单元格的编辑方法。

2. 熟练掌握对单元格的格式化操作。

实验内容

在 E 盘的"XX"目录中打开名为"数据输入"的文件。

一、单元格的编辑

1. 单元格的移动与复制。

要求：

将 G2 单元格的内容复制到 G13。

方法一:

(1)单击选定要移动或复制的单元格(G2),应用右键的_____或"复制"命令,此时选定的单元格四周将出现虚线边框,表明该区域的内容已经应用到剪贴板中了。

(2)单击目的单元格(G13),运用右键的_____命令。

方法二:可以运用直接拖动的方法完成单元格的移动或复制操作。

(1)选定要移动与复制的单元格,即源单元格(G2)。

(2)按下鼠标左键,拖动鼠标,将其移动到目的位置后释放,此时会观察到源单元格已经被移动到目的位置(G13),若要复制该单元格,在拖动鼠标的同时按下_____键即可。

2. 插入单元格或整行、列。

要求:

(1)在 F13 正上方插入四个单元格。

(2)在第 1 行上面插入一行单元格。

方法:

(1)在需要插入单元格的位置选中与待插入的单元格数量相等的单元格(F13:F16),运用"插入"菜单下的_____命令,并在弹出的"插入"对话框中选择相应选项。

(2)选定在该行上方插入新行的那一行(第 1 行),在行号上点击右键,并选择右键菜单中的_____命令。

3. 为单元格插入批注。

要求:

为 G3 单元格插入内容为"当前时间"的批注。

方法:

选中待插入批注的单元格(G3),运用"插入"菜单下的_____命令,在弹出的输入框中输入批注内容。

4. 清除、删除单元格。

方法:

(1)选中欲清除的单元格,运用"编辑"菜单下的"清除"命令项,并选择需要清除的内容。

(2)选中欲删除的单元格,运用"编辑"菜单下的"删除"命令项,在弹出的对话框中指定删除后单元格的物理位置的填充选项。

思考:对单元格的清除与删除有什么区别?

5. 设置行高与列宽。

方法：

选中欲设置高度或宽度的行或列,在"格式菜单中分别选择"行"下的"行高"命令或"列"下的"列宽"命令,并在弹出的对话框中输入需要设置的度量值。

二、单元格的格式化

1. 为单元格中的数据指定数字格式。

方法：

选定该单元格,利用"格式"菜单中的"单元格"命令,在弹出的"单元格格式"对话框中点击打开"数字"选项卡,并在该选项卡中做相应设置。

2. 为单元格中的数据指定对齐方式。

要求：

将插入的新行的 A 到 G 列合并为一个单元格,并输入"数据的快速输入"信息,并设置为水平和垂直居中排列。

方法：

(1)选中单元格 A1:G1,利用"格式"菜单中的"单元格"命令,在弹出的"单元格格式"对话框中点击打开_____选项卡,在该选项卡下选中"合并单元格"选项。

(2)在单元格中输入信息(数据的快速输入)。

(3)打开"单元格格式"对话框中点击打开"对齐"选项卡,为文本设置水平居中对齐和垂直居中对齐的格式。

3. 为单元格中的数据指定字体格式。

要求：

将第一行的文本设置为红色、16 号字体显示。

方法：

(1)选中单元格 A1:G1,利用"格式"菜单中的"单元格"命令,在弹出的_____对话框中点击打开"字体"选项卡。

(2)在该选项卡下设置字体的颜色和大小。

4. 为单元格设置边框样式

要求：

为 A1:G13 的单元格设置双实线的外边框和虚线的内边框。

方法：

(1)选中需要设置边框的单元格(A1:G13),利用"格式"菜单中的"单元格"命令,在弹出的"单元格格式"对话框中点击打开_____选项卡。

(2)在该选项卡下,指定外边框的线型为双实线,然后指定外边框,即选中"口"型边框。

(3)指定内边框的线型为虚线,然后指定内边框,即选中"十"型边框。

5. 为单元格设置底纹。

要求:

为 A1:G1 的单元格设置底纹。

方法:

(1)选中需要设置底纹的单元格(A1:G1),利用"格式"菜单中的"单元格"命令,在弹出的"单元格格式"对话框中点击打开_____选项卡。

(2)在该选项卡下,为单元格指定一种合适的底纹。

6. 条件格式的使用。

要求:

将 B、C、D 中数据小于 100 的单元格设置红色底纹。

方法:

(1)选中需要设置的单元格(B3:D13),利用"格式"菜单中的_____命令,显示"条件格式"对话框。

(2)在该对话框中设置条件(<100),点击"格式"按钮,弹出"单元格格式"对话框,在该对话框中指定要设置的格式(红色底纹)。

实验三

实验目的

1. 掌握工作表的操作方法。

2. 掌握单元格引用的方法。

3. 熟练掌握几个常用函数的插入和使用。

实验内容

建立如图所示 Excel 表,保存在 E 盘的"XX"目录中,命名为"超市纯净水统计"。

一、工作表的操作

1. 工作表的选取。

方法:单击该工作表的_____,即可选定该工作表。

2. 工作表重命名。

要求:将建立的该工作表命名为"初始统计表"。

方法:双击该工作表的工作表标签,在输入框中输入新的工作表名称即可。

3. 工作表的删除。

方法:在欲删除的工作表标签上点击右键,运用_____命令即可。

4. 插入新的工作表。

	A	B	C	D	E	F	G
1			纯净水库存统计				
2	商品代号	商品来源	商品库存量	商品单价（元）	商品总价	是否进货	折扣率
3	01001	北京	20	1.10			0.9
4	01002	上海	30	1.20			
5	01003	杭州	80	1.00			
6	01004	武汉	60	0.90			
7	01005	深圳	8	1.10			
8	01006	北京	20	1.50			
9	01007	大连	50	1.00			
10	01008	济南	40	1.20			
11	01009	武汉	80	1.00			
12	商品种类数						
13	总库存量						
14	最大库存量						
15	平均单价						
16	最低单价						
17							

方法：在工作表标签上选定与待插入的数量相同的工作表，点击右键，选择菜单中的_____命令，则在选定的工作表前就插入了一张或多张新的工作表。

5. 工作表的移动或复制。

方法：

在欲移动或复制的工作表标签上点击右键，选定_____，在弹出的对话框中，为该工作表设置目的位置，若需要复制该工作表，则需选中"建立副本"选项。

6. 工作表的隐藏与取消隐藏。

方法：欲隐藏某工作表，选中该工作表后，运用_____菜单下"工作表"命令下的"隐藏"子命令即可。

方法：欲取消对某工作表的隐藏，运用"格式"菜单下"工作表"命令下的_____子命令，在弹出的"取消隐藏"对话框中选择要恢复显示的工作表即可。

二、函数的使用

1. 函数插入。

要求：

在 B12 单元格中插入函数，该函数统计商品的总种类。

方法一：

（1）选定欲插入函数的单元格（B12），点击编辑框上的_____图标，在弹出的对话框中选取所需要的函数（COUNT）。

（2）在"函数参数"对话框中通过折叠按钮设置其参数（C3:C12）。

（3）回车即可在 B12 单元格中显示计算结果。

方法二：

选定欲插入函数的单元格（B12）后，直接在编辑框中输入整个函数表达式（＝COUNT（　　））后，回车即可。

思考：COUNT 函数对进行运算的数据类型有何要求？

2. 几个典型函数的使用。

要求：在 C13 单元格中求出库存的商品总量。

方法：运用 SUM 函数。

要求：在 C14 单元格中求出商品的最大库存量。

方法：运用＿＿＿＿＿＿＿＿函数。

要求：在 D15 单元格中求出商品平均单价。

方法：运用 AVERAGE 函数。

要求：在 D16 单元格中求出商品的最低单价。

方法：运用 MIN 函数。

要求：在 E3：E11 单元格中求出库存商品的总价格。

方法：运用＿＿＿＿＿＿＿＿函数在 E3 单元格中先求 01001 商品的总价格，然后运用填充柄，计算出 E4：E11 的价格。

思考：观察运用填充柄工具后，单元格中运算参数的变化，理解相对引用的意义。

要求：在 F3：F11 单元格中求出商品折扣后的总价格。

方法：运用 Product 函数，其等于商品总价格 * 折扣率，即在 F3 单元格中先求 01001 商品的折扣后价格，运用函数"＝Product(E3,＄H＄3)"，然后运用填充柄，计算出 F4：F11 的价格。

思考：观察运用填充柄工具后，单元格中运算参数的变化，理解绝对引用的意义。

要求：在 G3：G11 单元格中判断该商品是否需要进货，判断条件为：当该商品的库存量少于 50 时，提示"是"，否则提示"否"信息。

方法：运用 IF 函数在 G3 单元格中运用函数"＝IF(c3＞50,"是","否")"，然后运用填充柄，计算出 E4：E11 的价格。

实验四

实验目的

1. 掌握数据的管理，包括排序、筛选、汇总。

2. 掌握图表的建立和简单编辑。

3. 页面设置。

实验内容

在 E 盘的"XX"目录中打开保存的"超市纯净水统计"工作簿。

一、数据的管理

1. 数据排序。

要求：

将数据以库存量作为第一关键字(升序)，单价作为第二关键字(降序)进行排序。

方法：

(1)选中需要进行排列的数据(A2:F11)。

(2)点击"数据"菜单中的_____命令，打开"排序"对话框，在该对话框中做相应设置。

2. 自动筛选。

要求：

以自动筛选的方式筛选出库存量较大的前 5 项记录。

方法：

点击"数据"菜单中"筛选"下的_____命令项，然后在"商品库存量"列的下拉按钮中进行设置，点击_____命令，在弹出的设置对话框中按需求设置。

取消自动筛选：点击"数据"菜单中"筛选"下的"自动筛选"命令项即可。

3. 高级筛选。

要求：

利用高级筛选的方法将数据中库存量大于 50，且单价小于 1.00 的记录显示出来。

方法：

(1)在工作表的空白位置建立高级筛选的筛选条件：

商品库存量	商品单价（元）
>50	>1.00

(2)点击"数据"菜单中"筛选"下的_____命令项，弹出"高级筛选"对话框。

(3)在该对话框中分别设置列表区域(A3:G11)和条件区域。

取消高级筛选：点击"数据"菜单中"筛选"下的_____命令项即可。

4. 分类汇总

要求：

以"商品来源"对该工作表中的数据进行分类汇总，并求出同城市来源商品的库存量之和。

方法：

(1)以_____作为关键字对数据进行排序。

(2)点击"数据"菜单中的_____命令项,显示"分类汇总"对话框,在该对话框中对汇总项作相关设置。

二、图表的建立和编辑

1. 图表的建立。

要求:

对打开的数据中的(A2:F11)区域建立图表。

方法:

(1)选定要建立图表的数据区域(A2:F11)。

(2)点击"插入"菜单中的_____命令,按照系统提示执行。

2. 图表的编辑。

删除数据序列

要求:

在图表中删除商品代号为 01005 的记录。

方法:

在图表中右击要删除的数据序列,选择_____命令。

添加新序列

要求:

将如下记录添加到已建立的图表中:

| 01010 | 上海 | 70 | 0.90 | 63.00 | 56.70 |

方法:

选中该数据后,运用右键对该数据进行复制,然后在图表所在的区域点击右键,选择"粘贴"命令。

更改图表类型

方法:

在图表上点击右键,选择右键菜单中的"图表类型"后,在弹出的对话框中选定一种新的图表类型。

三、页面设置

要求:

为多页打印的工作表设置相同的表头。

方法:

点击"文件"菜单中的"页面设置"命令,在弹出的"页面设置"对话框中点击"工作表"选项卡,通过该选项卡下的_____右下角的折叠按钮选定工作表中的一行或多行作为顶端的表头,用同样的方法设置左端标题列。

第 4 章　PowerPoint 2003

实验目的

1. 学习用模板新建文稿。

2. 掌握幻灯片的基本操作。

3. 设置幻灯片外观。

实验内容

一、利用模板新建文稿

启动 PowerPoint 程序。在窗口右侧的"任务窗格"中选中"本机上的模板"选项,打开"新建演示文稿"对话框。在"设计模板"选项区中选择一种模板的样式,如下图。点"确定"按钮即可。

"新建演示文稿"的"设计模板"选项区

二、幻灯片的基本操作

1. 插入新幻灯片。

方法 1：单击"插入"菜单的"新幻灯片"命令即可插入一张新的幻灯片。

方法 2：在"普通视图"中选中界面左边的某张幻灯片图标，按回车键，就可以在该幻灯片后插入一张新的幻灯片。

2. 移动幻灯片。

在"普通视图"中选中界面左边的某张幻灯片图标，按住鼠标左键不放，拖动鼠标到目标位置后释放鼠标，即可实现幻灯片的移动。

3. 删除幻灯片。

在"普通视图"或"幻灯片浏览视图"中选中某张幻灯片图标按_____键即可删除该张幻灯片。

4. 创建一个演示文稿，插入 4 张新幻灯片，按住_____键可以同时选中 1 到 3 张幻灯片，按_____键可以复制这 3 张选中的幻灯片。

三、设置幻灯片的外观

1. 选择_____菜单下的"图片"子菜单中的"来至文件"命令，即可在计算机中选择一张图片插入到当前幻灯片中。

2. 利用_____输入文字，打开"格式"菜单下的"字体"设置字体为黄色，24 号，隶书。

3. 输入几段文字，单击_____菜单下的"项目符号和编号"给这几段文字加上圆形的项目符号。

4. 利用图片工具，绘制图形。可参考下图。

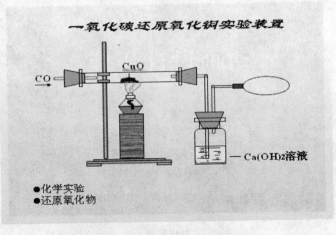

利用绘图工具绘制图形

实验二

实验目的

制作一个完整的演示文稿并设置动画效果和切换方式。

实验内容

制作演示文稿步骤如下：

1. 新建一张空白的幻灯片。

2. 在幻灯片的空白处单击右键，打开"背景"对话框，选择一张图片作为背景。

3. 利用文本框输入文字，单击"格式"菜单下的"字体"命令，设置字体为黄色的66号并加粗。可参考下图。

4. 选中该文本框，在"幻灯片放映"菜单中打开"自定义动画"任务窗格，点击"添加效果"按钮，为该本文框的进入选择一种动画效果。并把"开始"栏中把动画的响应方式设置为"之后"，速度设为中速。

5. 插入一张空白的幻灯片。

6. 在第二张幻灯片中设置一种背景效果。

7. 复制粘贴第二张幻灯片并插入一个声音文件。

8. 在"幻灯片放映"菜单中选择"幻灯片切换"命令，打开"幻灯片切换"窗格，选择"随机"的切换效果，设置切换方式为每隔00.03，即3秒钟自动切换到下一张幻灯片，点击"应用于所有的幻灯片"按钮。

9. 点击"幻灯片放映"菜单下的"观看放映"命令，查看效果。

制作实例

第5章　中文 Access 2003

 实验一

实验目的

1. 掌握数据库 Access 2003 的启动方法。

2. 掌握数据库的建立方法。

3. 熟练掌握用不同的方法建立数据表。

4. 熟练掌握数据表的基本操作。

实验内容

一、Access 2003 的启动

方法一:利用"开始"菜单启动。

单击打开"开始"菜单,在该菜单中选择"程序"选项,然后在打开的下一级菜单中_____中点击打开_____程序项。

方法二:双击桌面上的 Access 程序图标 ,即可启动 Access 2003。

二、创建数据库

要求:

创建一个名为 student 的数据库,并保存于 E 盘的"XX"目录中("XX"为用户先建立好的文件夹)。

方法:

(1)点击"文件"菜单下的"新建"命令,在右边的任务窗格中点击_____。

(2)在弹出的对话框中为该数据库指定名字(student),并指定保存路径。

三、创建数据表

利用不同的方法创建数据表,且在数据表中输入下列格式的数据:

1. 利用表向导创建数据表。

要求:

利用表向导创建"学生档案表"的数据表。

方法:

(1)在刚建立的 student 数据库窗口中,点击"表"按钮,并在该窗口右侧双击_____命令,并按照系统提示逐渐完成表的建立工作。

student 1 : 表

	学号	姓名	性别	籍贯	入学分数
	04001	李燕	女	湖北	480
	04002	胡兵	男	江西	510
	04003	张松	女	上海	460
	04004	吴江	男	北京	520
	04005	刘军	男	上海	492
▶					

(2)向建立的表中输入上图所示的数据。

(3)将该表以"学生档案表一"作为表名保存。

2. 利用设计器创建数据表。

方法：

(1)在刚建立的 student 数据库窗口中,点击"表"按钮,并在该窗口右侧双击_____命令,在弹出的对话框中为以上字段设置字段名称和字段属性。

(2)向建立的表中输入上图所示的数据。

(3)将该表以"学生档案表二"作为表名保存。

3. 利用输入数据的方法直接建立表。

方法：

(1)在刚建立的 student 数据库窗口中,点击"表"按钮,并在该窗口右侧双击_____命令,弹出数据输入窗口。

(2)通过该窗口向表中输入数据,并将表以"学生档案表三"作为表名保存。

四、数据表的基本操作

1. 设置主键。

要求：

为"学生档案表二"设置主键,主键为"学号"字段。

方法：

(1)在"设计"视图中打开需要设置主键的数据表("学生档案表二")。

(2)通过单击选定要设置为主键的字段最左侧的"行选取"按钮("学号"字段),如要选择多个字段,先按下_____键,然后单击每个字段的"行选取"按钮。

(3)点击右键,选中_____命令。

2. 字段的删除、添加。

要求：

删除"学生档案表二"表中的"性别"字段,然后添加"系别"字段。

方法：

（1）在"设计"视图中打开需要设置的数据表（"学生档案表二"表）。

（2）在该输入窗口中右击需要删除的字段（"性别"）的行选取按钮，在右键菜单中选择_____命令。

（3）右击某一字段的行选取按钮，在右键菜单中选择"插入行"命令，然后输入新的字段的字段名（系别），并将该字段类型设置为文本。

3. 记录的删除、添加

删除记录

要求：

删除"学生档案表二"表中的学号为"04004"的记录。

方法：

（1）在刚建立的 student 数据库窗口中，点击"表"按钮，并在该窗口右侧双击打开"学生档案表二"。

（2）在该表的编辑窗口中右击要删除的数据记录左侧的"行选取"按钮，选择右键菜单中的_____命令项。

添加记录

要求：

在"学生档案表二"表中添加下面一条记录：

学号	姓名	籍贯	入学分数	系别
04010	薛丹	济南	520	计算机

方法：

（1）在刚建立的 student 数据库窗口中，点击"表"按钮，并在该窗口右侧双击打开"学生档案表二"。

（2）右击表中的任意一条记录的最左侧的"行选取"按钮，在打开的右键菜单中选择_____命令，这样在表的末尾会出现该记录的输入状态，然后输入该记录数据。

实验二

实验目的

1. 掌握查询的创建方法。

2. 掌握数据报表的创建方法。

实验内容

在 E 盘的"XX"目录中打开保存的 student 数据库。

一、查询的创建

要求：

为"学生档案表二"建立的查询,查询出表中"籍贯＝上海"的记录。

方法：

(1)在打开的 student 数据库窗口中,点击_____按钮,并在该窗口右侧双击"在设计视图中创建查询"命令,打开查询创建窗口。

(2)在该窗口中选择需要创建查询的表(学生档案表二),并设置查询条件(籍贯＝上海)。

二、报表的创建

要求：

为"学生档案表二"创建报表。

方法：

在打开的 student 数据库窗口中,点击_____按钮,并在该窗口右侧双击"使用向导创建报表"命令,然后按照系统提示逐步创建。

习题答案

第 1 章

一、选择题

1. D　　2. A　　3. A　　4. C　　5. B　　6. C　　7. D　　8. A　　9. D

二、填空题

1. 网上邻居　　2. 扩展名　　3. 控制面板　　4. F2　　5. 磁盘碎片

6. Alt+Tab 或 Alt+Esc　　7. 任务管理器　　8. 左键　　9. 不可用

10. 恢复在原来位置

第 2 章

一、选择题

1. D　　2. C　　3. B　　4. D　　5. A　　6. B　　7. D　　8. C　　9. B

10. D　　11. C　　12. B　　13. A　　14. A　　15. B　　16. C　　17. C　　18. B

19. D　　20. A

二、填空题

1. Ctrl+X;Ctrl+C;Ctrl+V　　2. 插入符　　3. End　　4. 在该段中三击鼠标　　5. 该段落　　6. 字符格式 段落格式　　7. 插入　　8. 图形 文字

9. 位置调节 大小调整 文字的相对位置　　10. 打印预览

第 3 章

一、选择题

1. A　　2. A　　3. B　　4. C　　5. C　　6. A　　7. B　　8. C　　9. B

10. D　　11. C　　12. C　　13. B　　14. A　　15. A　　16. D　　17. D　　18. B

19. A　　20. A

二、填空题

1. . XLS　　2. '089345　　3. 0+空格+5/9　　4. Ctrl+;　　5. 在 A1 中输入

星期一,再拖动填充柄到 A7　　6. 工作表标签　　7. 65 536 256　　8. 相对引用、绝对应用、混合引用　　9. 排序　　10. 公式

第4章

一、选择题

1. A　　2. A　　3. B　　4. B　　5. A

二、填空题

1. 浏览　　2. 文本框　　3. Delete　　4. 关闭　　5. 自定义动画　　6. F5

三、判断题

1. ×　　2. ×　　3. ×　　4. ×　　5. √

参考文献

[1] 刘启明编著. 计算机应用基础. 北京:高等教育出版社,2004

[2] 东方人华编著. Windows2000＋Office2000 中文版入门与提高. 北京:清华大学出版社,2003

[3] 黄洪强编著. 计算机应用基础. 武汉:华中师范大学出版社,2004